Mustafa Nafeh

Papel da região do códão 61 dos proto-oncogenes da família Ras no cancro da bexiga

Mustafa Nafeh

Papel da região do códão 61 dos proto-oncogenes da família Ras no cancro da bexiga

ScienciaScripts

Imprint

Cover image: www.ingimage.com

This book is a translation from the original published under ISBN 978-3-659-85575-7.

Publisher:
Sciencia Scripts
is a trademark of
Dodo Books Indian Ocean Ltd. and OmniScriptum S.R.L publishing group

120 High Road, East Finchley, London, N2 9ED, United Kingdom
Str. Armeneasca 28/1, office 1, Chisinau MD-2012, Republic of Moldova, Europe
Managing Directors: Ieva Konstantinova, Victoria Ursu
info@omniscriptum.com

Printed at: see last page
ISBN: 978-620-8-52171-4

Índice:

Capítulo 1 5

Capítulo 2 7

Capítulo 3 24

Capítulo 4 31

<u>Dedcaton</u>

Ao meu grande país

À melhor coisa e a tudo na minha vida

Para a minha querida mãe

Aos meus irmãos e irmãs maravilhosos

À minha adorável esposa

ao espírito do meu pai, que foi o meu mentor

Finalmente, para a minha grande amiga Noor

Agradecimentos

Agora, a viagem de sofrimento, que foi demasiado longa, chegou ao fim. Mas há uma paragem para agradecer e apreciar todos os que participaram nesta longa viagem. Começo por agradecer a Deus Todo-Poderoso, que nos deu tudo e nos ensinou a agradecer-lhe e ao nosso profeta Maomé (Bbuh).

Dr. Abdul Hussein M. AL-Faisal, a quem me sinto honrado e orgulhoso por ser um dos seus alunos e a quem desejo uma vida longa e saudável com sucesso permanente.

Os meus agradecimentos são dedicados à Universidade de Bagdade e ao Instituto de Engenharia Genética e Biotecnologia para Estudos de Pós-graduação, que me deram esta oportunidade de cumprir os requisitos deste estudo.

Os meus sinceros agradecimentos aos meus professores de esquire que me abriram os seus corações e mentes para me permitir continuar esta viagem.

Então, o que posso dizer àqueles que partilharam comigo todos os momentos de sofrimento, a minha família que suportou muito, especialmente a minha querida esposa, muito obrigado. A minha mãe, que é tudo na minha vida, os meus irmãos e irmãs, agradeço-lhes muito, especialmente à minha querida amiga Noor Shakeeb, que me ajudou e apoiou em cada parte desta viagem.

Gostaria de expressar a minha profunda gratidão e os meus sinceros agradecimentos ao Assist. Dr. Ismail A. Abdul-Hussain, ao Sr. Wesam H. Salo, a Meyasa Muthana e a Ali Akram pelo seu apoio e amabilidade. Apresento as minhas desculpas a todas as pessoas que não mencionei e não esquecerei todas as pessoas que me ajudaram, muito obrigado, os meus melhores cumprimentos e que estejamos em primeiro lugar para servir o nosso país

O teu Mustafa

Resumo

Este estudo incluiu 40 doentes com cancro da bexiga, recolhidos nos Hospitais Nacionais Al-Amal e Ghazi Al-Hariri, bem como 25 pessoas aparentemente saudáveis. O estudo decorreu de setembro de 2014 a dezembro de 2014. Todos os doentes deste estudo eram do sexo masculino e tinham idades compreendidas entre 21 e 87 anos.

As mutações do códão 61 nos genes *H-ras*, *N-ras* e *K-ras* para ambos os grupos foram verificadas utilizando a sequência de ADN baseada na reação de PCR em cadeia da polimerase. A técnica RFLP foi utilizada para determinar os genótipos das mutações no gene *H-ras* utilizando a enzima *BST* NI, no gene *N-ras* utilizando a enzima *MSC* I e no gene *K-ras* utilizando a enzima *Hpa* II. Os resultados mostraram que dois pedaços (131 pb, 63 pb) resultantes do ensaio de digestão para o gene *H-ras* que ocorrem na digestão do sítio do alelo normal e quando não havia mutação no sítio da enzima de restrição nas amostras do paciente. Também não houve digestão ou corte para os genes *K-ras* e *N-ras* devido à ausência de sítio de corte no alelo normal e à ausência de mutação no sítio da enzima de restrição.

Além disso, o resultado da sequenciação do ADN utilizando o produto dos genes da técnica de PCR para a região do códão 61 mostrou que 15 (37,5%) dos 40 doentes tinham mutações nestes genes. Verificou-se que a maioria das mutações ocorria frequentemente no gene *K-ras* (62,5%), seguido do gene *H-ras* (25,0%) e depois do gene *N-ras* (12,5%). O estudo mostrou que 6 (40,0%) dos doentes com mutações apresentavam mutações compostas dos genes (*H-ras*, *N-ras* e *K-ras*) em conjunto. Além disso, o estudo revelou que o número de fumadores era de 26 (65,0%), o que indica a existência de uma relação entre o tabagismo e a ocorrência de carcinoma da bexiga.

Capítulo 1

Introdução

O cancro da bexiga (CB) é um dos cancros mais comuns do trato urinário e um problema importante a nível mundial. Os principais factores de risco conhecidos para o cancro da bexiga incluem o tabagismo, a exposição a aminas aromáticas relacionadas com a indústria e a ingestão de medicamentos como a fenacetina, a clornafrazina e a ciclofosfamida. Estas exposições conduzem a danos no ADN que, se não forem reparados, podem resultar num crescimento celular desregulado e até mesmo em cancro (Li *et al.*, 2013).

O cancro da bexiga é a neoplasia maligna mais comum do trato urinário, o quarto cancro mais comum nos homens e o sétimo cancro mais comum nas mulheres. Em 2014, foram diagnosticados 74 690 cancros da bexiga nos Estados Unidos. O tabaco é a principal causa conhecida de formação do cancro urotelial (CU). Além disso, a seguir à pele e aos pulmões. A bexiga é o principal órgão interno afetado pelos carcinogéneos ocupacionais. Em geral, existe um longo período de latência de 10 a 20 anos entre a exposição industrial e a formação do CB. Assim, é difícil provar uma relação causal definitiva. No entanto, há uma variedade de profissões estatisticamente associadas à formação de CB, e todas são de natureza industrial. 20-27% de todos os CM estão associados a algum tipo de exposição industrial, principalmente em áreas com uma forte concentração de indústrias químicas (Erol *et al.*, 2015).

O cancro da bexiga é responsável pela morte de 130.000 pessoas por ano em todo o mundo. As análises estatísticas mostraram também que a deteção precoce do cancro da bexiga pode aumentar as hipóteses de sobrevivência. A nível molecular, as mutações activadoras *do gene ras* foram descobertas pela primeira vez na linha celular T24 do cancro da bexiga. A família do gene *ras*, constituída por 3 genes funcionais, *Harvey RAS (H-ras)*, *Kristen RAS (K-ras)* e *neuroblastoma RAS (N-ras)*, codifica proteínas altamente semelhantes e conservadas com um peso molecular de 21 kDa (p21). Esta proteína localiza-se na parte interna da membrana celular e tem atividade de guanosina trifosfatase (GTPase). As mutações nos códons 12, 13 (exon1) ou 61 (exon2) causam substituições específicas de aminoácidos e resultam na perda da atividade de GTPase. Está bem documentado que os trifosfatos de guanosina são interruptores moleculares na transdução de sinais, e diferentes tipos de sinais extracelulares estimulam a conversão da conformação ativa *ras-GDP* (difosfato de guanosina) em *ras-GTP*. A principal função da proteína *ras* é induzir a ativação de cascatas de quinase a jusante, o que resulta numa sinalização mitogénica contínua e na transformação de células imortalizadas (Karimianpour *et al.*, 2008).

As proteínas ras são pequenas GTPases que actuam como interruptores moleculares, transduzindo sinais extracelulares de receptores activados na superfície celular para o núcleo, regulando assim a proliferação, sobrevivência e diferenciação celular. Três genes *ras* codificam 4 isoformas amplamente expressas: *H-ras*, *N-ras*, e as variantes de splice *K-RAS4A* e *K-RAS4B*. As proteínas ras possuem uma atividade GTPase intrínseca (hidrólise induzida de GTP em GDP), que normalmente leva à sua inativação e ao controlo da transdução de sinal. Nos tumores, uma mutação pontual resulta na perda da atividade GTPase intrínseca e as proteínas *ras* ficam bloqueadas num estado ativo, não deixando de enviar sinais que estimulam a proliferação celular e parecem estar associadas à atividade transformadora da proteína. Todas as mutações *ras* eram mutações pontuais missense (Nahidh *et al.*, 2013).

Este estudo tem como objetivo detetar o papel da região do códão 61 em doentes com cancro da bexiga e as mutações pontuais na família do gene *ras*. Além disso, determinar a associação entre a doença, as mutações *ras* e o tabagismo.

Capítulo 2

Revisão da literatura

2.1 Anatomia da bexiga urinária

A bexiga é uma cavidade viscosa com a forma de uma pirâmide invertida de quatro lados quando vazia e de uma estrutura arredondada quando distendida. A mucosa da bexiga urinária é revestida por um epitélio de transição, que é um epitélio com várias camadas e tem uma espessura de 4-6 células, sendo as células mais profundas colunares ou cubóides e as camadas intermédias constituídas por células poliédricas ou em forma de pera. As células das camadas superficiais são epitélios grandes e frequentemente modelados e podem ser esticadas consideravelmente sem serem danificadas. Quando esticado, parece ser mais fino e as células tornam-se achatadas ou arredondadas (Jebar *et al.*, 2005). Quando a bexiga está vazia, a mucosa é espessa e dobrada. À medida que a bexiga se enche, a mucosa torna-se mais fina e lisa (Lewis, 2000). A drenagem linfática da bexiga faz-se principalmente através dos gânglios ilíacos externos e internos; partes da região do colo da bexiga podem drenar para os gânglios sacrais ou ilíacos comuns (Philip *et al.*, 2000). O fornecimento de sangue provém das artérias vesicais superior e inferior, com pequenas contribuições das artérias obturadora, uterina, glútea inferior e vaginal. O suprimento nervoso compreende os nervos parassimpático (motor), esplâncnico pélvico e simpático, que são os plexos hipogástrico superior e pélvico. (Chang *et al.*, 2005; Junker *et al.*, 2008).

2.2 . Epidemiologia dos tumores da bexiga

2.2.1. Incidência, sexo e idade

A bexiga é o local mais comum de cancro no trato urinário (Jemal *et al.*, 2011; Hattori *et al.*, 2014). O cancro da bexiga é quase três vezes mais frequente nos homens do que nas mulheres. Nos últimos 40 anos, registou-se um aumento de 50 % da incidência. De acordo com a Organização Mundial de Saúde (OMS), em 2008, mais de 300 000 pessoas foram confrontadas com a doença e mais de 40 % (130 000) delas morrem anualmente devido ao cancro da bexiga. De facto, a incidência do cancro da bexiga é a décima primeira na lista de todos os tipos de cancro no mundo (Karagas *et al.*, 2004; Oeggerli e Riedholz, 2005). Representa 3,0 % de todas as mortes por cancro nos homens e 1,5 % nas mulheres (Edward e Messing, 1995). A discrepância entre os géneros no número de novos casos de cancro da bexiga continua a ser particularmente surpreendente porque, durante os últimos 30 anos, as mulheres integraram um local de trabalho masculino e alteraram hábitos que as expuseram a carcinogéneos industriais e ambientais (como o consumo de cigarros) dos quais estavam anteriormente excluídas (Anthony *et al.*, 2007). É possível que os factores genéticos, hormonais e anatómicos (por exemplo, a retenção urinária relativa em homens mais velhos devido ao aumento da próstata). O cancro da bexiga é quase três vezes mais frequente nos homens do que nas mulheres nos Estados Unidos, mas as mulheres têm mais de 30% de probabilidades de morrer de cancro da bexiga, se o desenvolverem, do que os homens (Edward e Messing 1995). A taxa de sobrevivência global de 5 anos para as mulheres com cancro da bexiga é de 78%, o que é equivalente à taxa de sobrevivência de 10 anos para os homens. A taxa de sobrevivência de 10 anos nas mulheres, 69%, é equivalente à taxa de sobrevivência de 15 anos nos homens (Horstmann *et al.*, 2008). Isto significa que as mulheres com cancro da bexiga sobrevivem menos 5 anos do que os homens. O atraso no tratamento parece estar correlacionado com uma taxa de mortalidade desproporcionadamente mais elevada entre as mulheres com cancro da bexiga, que são diagnosticadas 6 a 9 meses mais tarde do que os homens (Prizment *et al.*, 2007). As mulheres têm uma recorrência mais longa de sobrevivências livres e morrem menos frequentemente de cancro da bexiga do que os homens (Eliahu *et al.*, 2005). O carcinoma da bexiga pode ocorrer em qualquer faixa etária, mesmo em crianças. É geralmente uma doença da meia-idade e dos idosos; no entanto, a idade média aquando do diagnóstico do carcinoma de células de transição é de 69 anos para os homens e de 71 anos para as mulheres (Altimari, 2011). O carcinoma da bexiga é mais comum nos países em desenvolvimento e entre os habitantes das zonas urbanas do que entre os habitantes das zonas rurais (Ferlay *et al.*, 2000). O cancro da bexiga é a sexta neoplasia maligna mais frequente na Europa e nos Estados Unidos. No entanto, a mortalidade dos carcinomas da bexiga é significativamente mais elevada do que a de outros carcinomas, provavelmente porque a maioria dos tumores (75-85%) é detectada numa fase precoce, sendo ainda carcinomas não invasivos (Cotran *et al.*, 1999). De acordo com os últimos dados da OMS publicados em 2014, as mortes por cancro da bexiga no Iraque atingiram 984 ou 0,67 % do total de mortes. O cancro da bexiga é o quinto mais incidente de todos os tipos de cancro, tendo sido registados (1163) casos em 2011, sendo a proporção de homens para mulheres de (3\1). Para os homens, o cancro da bexiga ocupa o segundo lugar com (9,26) % de todos os tipos de cancro, para as mulheres, o cancro da bexiga ocupa o décimo lugar com (2,72) % de todos os tipos de cancro (Ministério da Saúde do Iraque, 2011). A frequência estatística do cancro da bexiga no Iraque foi a quarta prevalente nos homens e a oitava prevalente nas mulheres (Al-Foudi e Parkin, 2006). O cancro da bexiga nos homens é quatro vezes mais frequente do que nas mulheres. Além disso, a grande maioria dos doentes tem mais de 60 anos (Begum *et al.*, 2004). Este cancro é considerado o cancro mais dispendioso em termos de cuidados de saúde devido à sua recorrência frequente e à esperança de vida relativamente longa dos doentes (Parkin, 2008). Embora a maioria das causas do cancro da bexiga sejam carcinogéneos exógenos, como o tabagismo, a exposição profissional, a radiação e as infecções, o fator genético de predisposição pode ser acrescentado a estas causas (Botteman *et al.*, 2013). Existem vários tipos de cancro da bexiga, sendo que mais de 90 % dos tipos de cancro da bexiga são carcinomas de células transicionais (CCT) (Al-Sukhun e Hussain, 2003). Parece que a prevalência da maior parte dos tipos de tumores aumentou no Iraque, como seria de esperar, devido à exposição à poluição perigosa das últimas guerras contra o nosso país. Este facto pode refletir alguns padrões mutacionais específicos em genes que desempenham um papel no desenvolvimento do carcinoma da bexiga urinária nos doentes iraquianos e estes genes podem ser considerados como marcadores genéticos adicionados às caraterísticas clínicas (Tawfiq *et al.*, 2002). No Líbano, a incidência de cancro da bexiga tem vindo a aumentar acentuadamente nos últimos anos (Basma *et al.*, 2013). No Irão, o cancro da bexiga constituiu o terceiro cancro mais prevalente nos homens e o décimo nas mulheres em 2005. A incidência deste cancro é de 5 000 casos por ano e é o quinto cancro mais incidente no Irão. Em comparação com outros cancros, o cancro da bexiga está fortemente ligado à exposição profissional a produtos químicos (Carel *et al.*, 1999; Dryson *et al.*, 2008; Samanic *et al.*, 2008). O carcinoma urotelial tornou-se recentemente o tipo mais frequente no Egito, o que indica que a etiologia do cancro da bexiga mudou significativamente nos últimos 26 anos (Felix *et al.*, 2008). A incidência do cancro da bexiga varia significativamente, com o Egito, a Europa Ocidental e a América do Norte a apresentarem as taxas de incidência mais elevadas e os países asiáticos as taxas mais baixas. Os dois factores de risco mais bem estabelecidos para os tumores da bexiga são o tabagismo e a exposição profissional a agentes cancerígenos uroteliais. O consumo de cigarros é o fator de risco mais importante, sendo responsável por 50 % dos casos nos homens e 35 % nas mulheres. A exposição profissional a carcinogéneos uroteliais é o segundo fator de risco mais importante, sendo responsável por 5 a 20% de todos os cancros da bexiga. Outras exposições ambientais que têm sido associadas ao cancro da bexiga incluem infecções crónicas do trato urinário, utilização de ciclofosfamida e exposição a radioterapia (Colombel *et al.*, 2008). O cancro da bexiga tem uma incidência mais elevada nos EUA e na Europa do que nos países asiáticos. No que diz respeito à mortalidade do cancro da bexiga, cerca de 145.000 doentes morreram no mundo em 2002. As taxas de mortalidade padronizadas por idade são de 2-10 por 100.000 homens e 0,5-4 por 100.000 mulheres (Kirkali *et al.*, 2005).

2.2.2. Etiologia do cancro da bexiga

A noção de que os tumores malignos resultam de uma sequência prolongada de acontecimentos é apoiada por estudos epidemiológicos, experimentais e moleculares. Há muitos anos, antes de os oncogenes e os genes supressores de tumores se terem infiltrado na literatura científica, os epidemiologistas do cancro sugeriram que o aumento de cancros associado à idade poderia ser melhor explicado postulando que eram necessárias várias alterações celulares sequenciais ou concomitantes para a génese do tumor (Roberto e De Cupis, 2000). Esta ideia recebeu apoio inicial de modelos experimentais de carcinogénese química em que o processo de formação de tumores podia ser dividido em etapas distintas, como a iniciação e a promoção. O estudo dos oncogenes e dos genes supressores de tumores forneceu uma base molecular sólida para o conceito de carcinogénese em várias etapas (Lichtenstein e Potapova, 2003). As experiências de transfecção de ADN revelaram que nenhum oncogene isolado pode transformar completamente células não imortalizadas *in vitro*, mas que essas células podem geralmente ser transformadas por uma combinação de oncogenes (Marco *et al.*, 2003). Esta cooperação é necessária porque cada oncogene é especializado em induzir parte do fenótipo necessário para a transformação completa. Por exemplo, os oncogenes *ras* induzem as células a segregar factores de crescimento e permitem-lhes crescer sem ancoragem a um substrato normal (independência de ancoragem) (Yoo *et al.*,2010), enquanto o oncogene da mielocitomatose (*myc*) torna as células mais sensíveis aos factores de crescimento e imortaliza as células (Kelekar e Michael, 1987). Estes dois genes, actuando em conjunto, podem transformar fibroblastos de ratinho não imortalizados em cultura. A maioria dos cancros humanos que foram analisados revelaram múltiplas alterações genéticas envolvendo a ativação de vários oncogenes e a perda de dois ou mais genes supressores de tumores. A visão predominante é que cada uma dessas alterações representa um passo crucial na progressão de uma célula normal para um tumor maligno (Rivilin *et al.*, 2011).

2.2.3. Factores de risco do cancro da bexiga:

1. Fumar cigarros:

Os mecanismos de carcinogénese envolvem a formação de nitritos e de compostos N-nitroso na bexiga (Grossman *et al.*, 2006). Os fumadores de cigarros têm uma incidência até quatro vezes maior de cancro da bexiga do que os não fumadores. O risco está correlacionado com o número de cigarros fumados (relacionado com a dose), a duração do consumo de tabaco e o grau de inalação de fumo. Este risco foi observado em ambos os sexos. Os ex-fumadores de cigarros têm uma incidência ligeiramente reduzida de cancro da bexiga em comparação com os fumadores activos (Freedman *et al.*, 2011). Desconhece-se o mecanismo subjacente ao cancro da bexiga provocado pelo tabagismo, mas sugere-se que a causa possa ser uma aberração no metabolismo do triptofano nos fumadores, que leva à acumulação de determinados agentes cancerígenos na urina. Estima-se que um terço dos casos de cancro da bexiga possa estar relacionado com o consumo de cigarros (Brennan, *et al.*, 2001). Na realidade, as mulheres podem ser mais susceptíveis aos carcinogéneos da bexiga presentes no fumo do cigarro, o que sugere que a incidência do cancro da bexiga pode eventualmente ser mais elevada nas mulheres do que nos homens. Quando homens e mulheres fumavam a níveis comparativamente elevados, o risco de cancro da bexiga nas mulheres era de 30 % a 50 % ou mais (Alberg *et al.*, 2007). O risco de cancro da bexiga aumenta com a duração do tabagismo, variando entre um risco aproximadamente duas vezes maior para uma duração inferior a 10 anos e um risco quatro vezes maior para uma duração superior a 40 anos (Brennan *et al.*, 2001). Uma vez que o metabolismo dos carcinogéneos relacionados com o tabaco e os factores de risco ambientais podem ser influenciados pela atividade das enzimas metabolizadoras de xenobióticos (enzimas Glutationa S Transferase, *GSTs*), os polimorfismos genéticos nos genes mu *GSTM1* e theta *GSTT1* podem aumentar a suscetibilidade do indivíduo a vários poluentes ambientais, que são considerados como uma das principais causas de cancro da bexiga (Stern *et al.*, 2002). Os genótipos nulos *de GSTMI* e *GSTTI* resultam da deleção dos genes de ambos os alelos, o que leva à ausência de actividades das enzimas *GSTMI* e *GSTTI*, o que provoca uma diminuição da sua capacidade de desintoxicação de carcinogéneos e aumenta o risco de ocorrência de cancro da bexiga (Pradubkaew *et al.*, 2009). Nos EUA, a prevalência do cancro da bexiga nos homens é quatro vezes superior à das mulheres (Rugo, 2004; Ruder *et al.*, 2005). Nos Estados Unidos, o CBU é o quinto tipo de cancro mais comum, com uma estimativa de 68 000 novos casos diagnosticados e 14 000 mortes em 2008 (Jemal *et al.*, 2011).

2. Profissão:

Foram registados casos de cancro da bexiga em trabalhadores de fábricas onde se produz benzidina, anilina e 2-naftilamina (Babjuk, 2009). Outros agentes cancerígenos para a bexiga incluem o 4-nitrofenilo, o 4,4 diaminobifenilo, o 2-amino-1-naftol, gases e fuligem do carvão, possivelmente hidrocarbonetos alifáticos clorados e certos aldeídos, como a acroleína, utilizados em corantes químicos e nas indústrias da borracha e dos têxteis (Sauter *et al.*, 2004). Calcula-se que a exposição profissional seja responsável por cerca de 20 % dos casos de cancro da bexiga nos Estados Unidos, com um longo período de latência de 15 a 40 anos após a primeira exposição. Os hidrocarbonetos aromáticos policíclicos parecem atuar na bexiga através da ativação metabólica por indução de enzimas mono-oxigenase como as enzimas do citocromo e posterior estabelecimento de ligações covalentes com o ADN, o primeiro processo de carcinogénese. Os hidrocarbonetos policíclicos chegam à bexiga através dos rins, quer como compostos de origem quer como catabólitos (Rushton *et al.*, 2010). Outras fontes potenciais de compostos carcinogénicos são os nitritos e nitratos da dieta, que sofrem a ação da flora bacteriana intestinal (Matsumoto *et al.*, 2005), e os contaminantes de remédios à base de plantas ingeridos, como o ácido aristolóquico (Nortier *et al.*, 2000). Pensa-se que cerca de 5 a 10% dos cancros humanos são causados pela exposição profissional a agentes cancerígenos. Em comparação com outros cancros, o cancro da bexiga está mais fortemente ligado à exposição profissional a toxinas químicas (Golka *et al.*, 1998; Colt *et al.*, 2004; Band *et al.*, 2005; Dryson *et al.*, 2005). De acordo com alguns estudos, 21 a 27% de todos os cancros da bexiga nos homens e 11% de todos os cancros da bexiga nas mulheres resultam da exposição profissional (Brennan *et al.*, 2001; Ruder *et al.*, 2005).

3. Infeção por Schistosoma (Bilharzíase):

A cistite *por Schistosoma haematobium* parece estar causalmente relacionada com o desenvolvimento de cancro da bexiga, frequentemente carcinoma de células escamosas (CEC) (Abdul Muhsin, 2008). Há um aumento da incidência de carcinoma de células de transição (CCT) em homens com esquistossomose. Os óvulos bilharziais depositam-se na parede da bexiga e provocam uma resposta inflamatória crónica que induz metaplasia e displasia escamosa progressiva da mucosa e, em alguns casos, neoplasia. Setenta por cento dos cancros eram CECs e os restantes eram CCTs (Silverman *et al.*, 1992). A infeção por *Schistosoma haematobium* é uma doença crónica que se sabe produzir uma série de alterações patológicas na bexiga, e é em cima destas alterações que o cancro da bexiga se pode desenvolver (Zaghloul, 2012). A alteração epitelial na bexiga urinária inclui hiperplasia urotérica, cistite, cística e glandular, ninho de queimaduras, metaplasia escamosa e adenoide e displasia. Em muitos estudos, observou-se que estas alterações eram comuns e particularmente notáveis em biopsias de vesículas de doentes com cistite crónica bilharizial, bem como na mucosa adjacente à neoplasia em doentes com cancro da bexiga. Muitos autores consideram a displasia, particularmente a mais grave, como uma alteração pré-neoplásica (Ahmed *et al.*, 2008).

4. Consumo de drogas, café e chá:

Foi relatado que o uso prolongado de analgésicos contendo fenacitina, fenoazona e cafeína está associado ao desenvolvimento de tumor urotelial, pelve renal, ureter e bexiga urinária (Weixiang *et al.*, 2014). O consumo de grandes quantidades (5-15 kg num período de 10 anos) de fenacitina, que tem uma estrutura química semelhante à dos corantes de anilina, está associado a um risco acrescido de TCC da pélvis renal e da bexiga. Acredita-se que os metabolitos urinários da ciclofosfamida e da acroleína sejam responsáveis tanto pela cistite hemorrágica como pelo cancro da bexiga. Além disso, o consumo generalizado de chá e café com a utilização de adoçantes artificiais e a história de consumo de cigarros aumentam o risco de cancro da bexiga, mas, quando o consumo de cigarros é controlado, não se verificou qualquer aumento do risco com o consumo de café (Cohen e Johansson, 1997).

5. Lesão local:

A cistite crónica na presença de um cateter de demora ou de cálculos está associada a um risco acrescido de CEC da bexiga. Entre 2 a 10% dos paraplégicos com cateteres de demora desenvolvem cancro da bexiga. Cerca de 80 % destes casos são de CEC. As anomalias congénitas associadas ao cancro da bexiga, especialmente a lesão e a extrofia do úraco, estão associadas ao adenocarcinoma. A diverticulose vesical pode ser complicada por tumores que são normalmente CCT (Leonard e Gomella, 2006).

6. Irradiação pélvica:

Aumenta o risco de cancro da bexiga 2 a 4 vezes. Num estudo de 1000 mulheres submetidas a irradiação para doenças ginecológicas, foram detectados 10 casos de cancro da bexiga (Davies, 1985).

7. Infeção viral:

Verifica-se que o papel dos vírus no cancro da bexiga, especialmente o vírus do papiloma humano (*HPV*), foi avaliado por vários grupos com resultados muito divergentes. Os genótipos mais importantes do *HPV* são os tipos 6, 11, 16 e 18, num estudo de 32 pacientes para *HPV6*, *HPV16&18* e anticorpos anti-vírus do papiloma humano (Shukla *et al.*, 2009). Ludwig et al. verificaram que o HPV estava presente em 19 % dos casos de doença não maligna, ao passo que estava presente em apenas 6 % dos tumores malignos da bexiga e que o anticorpo *anti-HPV* era positivo em 22 % dos casos (Ludwig *et al.*, 1996).

8. Fator genético:

Foi demonstrado que muitos oncogenes, produtos de genes e mutações de genes supressores, incluindo os de *RAS, MYC, P53, RB, P16, P21*, *glutationa tromposporndina-1* e factores que controlam a expressão e a função do recetor do fator de crescimento epidérmico, estão envolvidos na patogénese desta doença (Derek, 2003; Leonard e Gomella, 2006). As anomalias cromossómicas podem desempenhar um papel na etiologia do cancro da bexiga, sendo particularmente comuns. Estas são a monossomia do cromossoma 9 ou a deleção do 9q, bem como a deleção do 17p, 13p, 11p e 14q. Uma expressão aumentada de *ras*, *C-MYC&* receptores do fator de crescimento epidérmico é também observada em alguns cancros da bexiga (Gibas e Gibas, 1997).

9. Tintura de cabelo:

As mulheres que usavam tintas permanentes para o cabelo pelo menos uma vez por mês apresentavam um risco 2,1 vezes maior de cancro da bexiga do que as não utilizadoras. O risco aumentou para 3,3 entre as utilizadoras regulares (pelo menos mensalmente) durante 15 anos ou mais. A tendência aplicou-se principalmente aos utilizadores de tintas de cores mais escuras, como o castanho escuro e o preto. Os indivíduos que trabalharam durante 10 ou mais anos como cabeleireiros ou barbeiros registaram um risco 5 vezes superior ao dos indivíduos não expostos (Gago-Dominguez *et al.*, 2001).

10. Nitratos da água:

As mulheres que bebiam água da torneira que continha níveis de nitratos inferiores ao nível máximo de 10 mg/L estabelecido pela agência de proteção ambiental tinham ainda quase três vezes mais probabilidades de desenvolver cancro da bexiga do que as que consumiam níveis mais baixos de nitratos, de acordo com o estudo da Universidade de Iowa. Os investigadores examinaram cerca de 22 000 mulheres do Iowa, com idades compreendidas entre os 55 e os 69 anos, que tinham consumido a mesma água durante mais de 10 anos (Peter *et al.*, 2001).

Os investigadores descobriram que o risco de cancro da bexiga aumentava com os níveis de nitratos na água potável da comunidade, independentemente de factores como o tabagismo ou a ingestão de vitaminas C e E. Verificaram também um risco mais elevado de cancro do ovário associado à água contaminada (Gago-Dominguez *et al.*, 2001; Weyer *et al.*, 2001).

2.3 Localização e modo de disseminação dos tumores da bexiga

O cancro da bexiga metastiza por vias linfáticas e heamatogénicas (Steven *et al.*, 2009). A implantação direta de células tumorais também ocorre nos tecidos de granulação das incisões cirúrgicas, sendo responsável por tumores em locais de operações abertas sobre tumores da bexiga (Drent, 2008). A disseminação linfática ocorre mais cedo e independentemente da metástase heamatogénica em alguns doentes. Este facto pode ser evidenciado em doentes com metástases nos gânglios linfáticos aparentemente curados com cistectomia radical e linfadenectomia pélvica. Os locais mais comuns são os gânglios linfáticos pélvicos, que ocorrem em cerca de 78% dos doentes com metástases nodais (Babain *et al.*, 1980). Os locais mais comuns de metástases vasculares no cancro da bexiga são o fígado (38%), o pulmão (36%), o osso (27%), as glândulas supra-renais (21%) e o intestino (13%) (Grossman e Konnak, 1988).

2.4 Prognóstico do cancro da bexiga

Quando há suspeita de cancro da bexiga, o exame de diagnóstico mais útil é a cistoscopia. Os estudos radiológicos, como a tomografia computorizada ou a ecografia, não têm sensibilidade suficiente para serem úteis na deteção de cancros da bexiga. A cistoscopia pode ser realizada numa clínica de urologia (Babjuk *et al.*, 2008).

Se for detectado um cancro na cistoscopia, o doente é normalmente programado para um exame bimanual sob anestesia e para repetir a cistoscopia num bloco operatório, de modo a poder ser efectuada uma ressecção transuretral do(s) tumor(es) e/ou biópsias. Se for detectado um cancro de alto grau (incluindo carcinoma in situ) ou um cancro invasivo, o doente é estadiado com uma TAC do abdómen e da pélvis (ou urograma) e uma radiografia ou uma TAC do tórax. Os doentes com uma elevação não hepática da fosfatase alcalina ou sintomas sugestivos de metástases ósseas são submetidos a uma cintigrafia óssea (Kirkali *et al.*, 2005).

Os principais factores de prognóstico no carcinoma da bexiga são os seguintes (Nieder *et al.*, 2005):

- Profundidade de invasão da parede da bexiga.
- Grau patológico do tumor.
- Presença ou ausência de carcinoma in situ.

Entre os cancros não invasivos do músculo, os seguintes factores são também prognósticos (Nieder *et al.*, 2005):

- Número de tumores .
- Tamanho do tumor (por exemplo, >3 cm ou <3 cm).
- Invasão da lâmina própria (Ta vs. T1).
- Se o tumor é o tumor primário ou uma recidiva .

A maioria dos tumores superficiais são bem diferenciados. Os doentes em que os tumores superficiais são menos diferenciados, grandes, múltiplos ou associados a carcinoma in situ (Tis) noutras áreas da mucosa da bexiga correm um maior risco de recorrência e de desenvolvimento de cancro invasivo. Pode considerar-se que estes doentes têm toda a superfície urotelial em risco de desenvolvimento de cancro (Babjuk *et al.*, 2011).

2.5 Oncogenes e cancro da bexiga:

Os oncogenes são versões hiperactivadas de genes que promovem o crescimento em células normais, denominados "proto-oncogenes". Os produtos genéticos dos proto-oncogenes são frequentemente receptores de cinase ou factores de crescimento que desempenham um papel importante na transdução de sinais e na proliferação celular em células normais (Bommer e Perrow, 2014). A expressão induzida ou inadequada de formas mutadas destes genes (devido a mutações pontuais, translocações cromossómicas, amplificações de genes ou pela inserção de promotores mais fortes), é capaz de conduzir as células ao desenvolvimento do cancro. A amplificação dos oncogenes ocorre predominantemente em fases mais avançadas da progressão do cancro (Weinberg, 1994; Reznikoff *et al.*, 2000; Brandau e Bohle, 2001). Os oncogenes mais importantes que desempenham um papel no cancro da bexiga são apresentados na tabela (2.2).

O crescimento celular normal é regulado por um equilíbrio entre os genes promotores do crescimento (proto-oncogenes) e os genes que restringem o crescimento (genes supressores de tumores ou *TSG*). *Os TSG* podem ser inactivados de pelo menos três formas: deleção, mutação intragénica ou metilação da região promotora (Gonzalgo *et al.*, 2000). Os *TSGs* mais importantes que desempenham um papel no cancro da bexiga são apresentados na tabela (2.3).

Tabela 2.2: Oncogenes que desempenham um papel no cancro da bexiga (Rajab, 2011).

Oncogenes	Localização	Papel no cancro da bexiga
H-ras	11p15.5	Fator prognóstico importante para o risco, progressão e recorrência do cancro da bexiga Spruck *et al.*, 1994). (
erbB-2/HER-2 neu	17q12	Pode ser um importante fator de previsão da sobrevivência do doente e da recorrência e metástase do tumor (Korkolopoulou *et al.*, 1997).
EGFR	7q11.2-12	Registada principalmente para grau e estádio elevados, e associada a um risco acrescido de progressão e recorrência do tumor El Marjou *et al.*, 2000).
MDM2	12q14.3-q15	A combinação do estado do MDM2 e do p53 proporcionou um poder de prognóstico sobre a progressão e a sobrevivência (Shiina *et al.*, 1999).
0STK15/BTAK	20q13.31	Associado a um comportamento clínico agressivo no cancro da bexiga humano (Sen *et al.*, 2002).

C-MYC	8q24.21	Correlacionado com o grau do tumor (Kotake *et al.*, 1990).
CCND1	11q13	Associado a recorrência precoce em doenças superficiais (Watters *et al.*, 2002).
VEGF	6p12	Correlacionado com o estádio do tumor, grau e recorrência (Kondo *et al.*, 1993).

Tabela 2.3: Genes supressores de tumores que desempenham um papel no cancro da bexiga (Rajab,2011).

TSG	Localização	Papel no cancro da bexiga
p53	17p13	Recorrência, progressão, tumores de alto grau e de alto estádio, e sobrevivência (Klingler e Christoph, 1999).
Rb	13q14	Pode ser um indicador do resultado do cancro da bexiga (Keegan *et al.*, 1998).
p21WAF1/ Cipl	6p21.31	Correlação significativa com a sobrevivência (Stein *et al.*, 1998).
p27/Kipl	12q12	Verificou-se que a diminuição da expressão de p27 estava associada a um grau de tumor mais elevado, ao estádio do tumor e a uma sobrevivência global mais fraca (Lacoste-Collin *et al.*, 2002).
p16/INK4a/ CDKN2A	9p21	Correlacionado com tumores de comportamento agressivo (Williamson *et al.*, 1995).
PTEN	10 q23	Regulam a invasão e a metástase das células tumorais (Aveyard *et al.*, 1999). .
NF-1	17q11.2	Tumores musculares invasivos e de alto grau (Aaltonen *et al.*, 1999). .
FHIT	3 p14.2	A expressão reduzida ou ausente do gene FHIT está correlacionada com tumores da bexiga em estado avançado (Baffa *et al.*, 2000).
FEZ1/LZTS1	8p21.3	Mostra associação com doença invasiva (Choi *et al.*, 2000).
bc10	20q11.23	Actua como um marcador da invasividade e progressão do TCC (Gromova *et al.*, 2002).

Ki-67, PCNA	20p12.3	Correlacionado com o grau do tumor, marcador de recorrência, progressão e sobrevivência (Lopez-Beltran *et al.*, 2004).

2.6 Genes da família do Sarcoma do Rato (*Ras*)

As proteínas de ligação aos nucleótidos de guanina (proteínas G) formam uma superfamília de proteínas de transdução de sinal. A família *ras* de proteínas G monoméricas são pequenas GTPases que alternam entre um estado ativo ligado ao GTP e um estado inativo ligado ao GDP. Três dos cinco genes *ras* humanos - incluindo o *H-ras*, o *K-ras* e *o N-ras* - são conhecidos por estarem associados ao cancro humano através de mutação e/ou sobre-expressão em tumores (Wilkie e White, 2000). Estudos demonstram que o SNP T81C *do gene H-ras* aumenta moderadamente o risco de cancro da mama (Boulalas *et al.*, 2009; Traczyk *et al.*, 2012; Pandith *et al.*, 2013). A ativação *de Ras* em resposta ao carregamento de GTP envolve grandes alterações conformacionais no interrutor I e no interrutor II (Vetter e Wittinghofer, 2001). Embora não exista uma razão estrutural proteica óbvia para a sua predominância. Especula-se que a sua abundância reflicta a sua potência relativa combinada com uma ampla especificidade dos mutagénicos para a alteração da base intermédia do códão 12. A situação é muito mais clara no caso dos mutantes Q61, em que V, L, K, A, C e R são os mutantes mais transformados nas células NIH-3T3 (Der *et al.*, 1986). Destes, apenas L, K e R, os mutantes Q61 mais predominantes, resultam de alterações de base única no códão de tipo selvagem para a glutamina. O principal modelo atual para explicar a sinalização específica da isoforma *ras* envolve a compartimentalização (Mor e Philips, 2006; Rocks *et al.*, 2006; Henis *et al.*, 2009). Este modelo baseia-se no facto de a única área de divergência significativa da sequência proteica entre as isoformas se situar no *HVR* final de 25/26 aminoácidos que contém toda a informação sobre a ligação à membrana e o tráfico. Foram identificados mais de 20 efectores que podem ser classificados em termos gerais como cinases ou reguladores de outras GTPases (Omerovic *et al.*, 2007). Os mais importantes são a cascata de quinase *Raf-MEK-ERK*, que induz a proliferação, e a via da fosfatidilinositol3-quinase (*PI3K*)-proteína quinase B (*PKB*)/*Akt*, que promove a sobrevivência celular. Experiências *in vitro* demonstraram que *o H-ras* é um melhor ativador da *PI3K*, enquanto *o K-ras* está mais fortemente ligado à *Raf* e à *Rac* (Voice *et al.*, 1999; Walsh e Bar-sagi, 2001). É importante notar que *o H-ras* é capaz de substituir o *K-ras* quando colocado no mesmo locus endógeno (Potenza *et al.*, 2005). Em conjunto, isto indica que a expressão coordenada com precisão é crítica e argumenta contra as vias reguladas exclusivamente por isoformas individuais. Embora todas as isoformas tenham sido investigadas quanto às suas propriedades de sinalização oncogénica, houve relativamente poucos estudos em que as três tenham sido diretamente comparadas. Um bom modelo *in vitro* para um trabalho futuro é a abordagem celular isogénica, em que os genes endógenos mutantes podem ser comparados num contexto genético idêntico. Utilizando este tipo de abordagem, foi demonstrado que *o K-ras* é mais potente na geração de transformação de células colorrectais e na modulação da sinalização do que as outras isoformas (Keller *et al.*, 2007). Propôs-se que a capacidade única do *K-ras* para promover o adenocarcinoma colorrectal estivesse ligada à sinalização da via proliferativa através de *Raf*; em contrapartida, *o N-ras* desencadeou vias de sobrevivência celular para inibir a apoptose (Haigis *et al.*, 2008; Kreeger *et al.*, 2010). Os dados sobre a sinalização específica das isoformas ainda não são exaustivos, mas parece claro que as diferenças são relativamente subtis e específicas do contexto tecidular. Este facto é exemplificado em estudos comparativos que revelaram que *o K-ras* mutante G12V promove a expansão das células estaminais endodérmicas através da promoção da proliferação e da inibição da diferenciação (Quinlan e Settleman, 2008). Em contrapartida, o mutante *N-ras* não teve qualquer efeito detetável, enquanto *o H-ras* glicina 12 valina (G12V) promoveu ativamente a diferenciação. Todas as isoformas de *ras* utilizaram diferencialmente as mesmas vias efectoras para obter estes efeitos díspares (Quinlan *et al.*, 2008). Estes resultados são significativos porque muitos cancros, incluindo o do pâncreas, do pulmão e colorrectal, são de origem endodérmica. Estes dados sugerem um modelo em que a ligação *do K-ras* a estes principais tipos de cancro se faz através do seu papel na expansão das células progenitoras do cancro nestes tecidos (Quinlan e Settleman, 2008). É importante notar que a sinalização também será altamente dependente do contexto. Isto implica uma dependência diferente da ativação de vias efectoras específicas nos tipos de cancro que apresentam taxas elevadas de mutações *do K-ras* (17-61%) e sugere um acoplamento diferencial entre o *K-ras* e as principais vias efectoras. Com base nas observações de Glicina 12 para ácido aspártico (G12D) / Glicina 13 para ácido aspártico (G13D) em CRC avançado, é também tentador especular que cancros específicos podem ser promovidos predominantemente por regulação ascendente de vias de sinalização específicas que podem ser mais sensíveis a mutações num determinado resíduo. Esta noção é fortemente apoiada pelo trabalho sobre o interrutor alostérico *Ras* associado especificamente à via *Ras/RAF/MEK/ERK*, em que a interação *Ras/RAF* prejudica gravemente a hidrólise em mutantes altamente transformadores da glutamina 61 (Q61), como Q61L e Q61K (Buhrman *et al.*, 2007). Assim, espera-se que os mutantes Q61 tenham um efeito oncogénico muito forte, em que a via do fibrossarcoma rapidamente acelerado *(RAF)* está principalmente envolvida na promoção do cancro através do mau funcionamento do interrutor alostérico. Curiosamente, *o N-ras*, para o qual as mutações Q61 são particularmente proeminentes nos cancros, é também a única isoforma para a qual foi encontrada uma mutação no local alostérico nos tumores.

Em resumo, estes dados revelam que as isoformas *ras* são capazes de influenciar de forma diferente respostas fenotípicas importantes que contribuem para o início e a progressão do cancro. *O K-ras* parece ser o mais capaz de sustentar programas de cancro e isto traduzir-se-ia numa forte pressão selectiva para mutações desta isoforma (Krishnaraj *et al.*, 2007).

2.7 Caminhos dos genes do sarcoma do rato *(ras)* no cancro da bexiga:

As vias envolvidas na sinalização do crescimento celular são frequentemente desreguladas em tumores de baixo grau e não invasivos. Mais de 70% destes tumores apresentam mutações activadoras no gene FGFR3, em comparação com apenas 10-20% dos tumores invasivos (Billerey *et al.*, 2001; Van Rhijn *et al.*, 2001; Bakkar *et al.*, 2003; Lindgren *et al.*, 2006). As mutações parecem resultar na sobreexpressão do *FGFR3* e na ativação constitutiva da via *RAS-MAPK*, aumentando assim a transdução de sinal para factores de transcrição no núcleo. Curiosamente, as mutações no *ras* parecem ser mutuamente exclusivas, mas em conjunto representam bem mais de 80 % de todos os tumores de baixo grau, indicando que a ativação da via *RAS - MAPK* pode ser um evento obrigatório na maioria dos tumores de baixo grau (Jebar *et al.*, 2005). Além disso, a sobreexpressão do *FGFR3* também foi registada numa proporção significativa (42%) de tumores sem mutações identificáveis, sugerindo que o aumento da sinalização do FGFR3 também pode contribuir para a transformação maligna num cancro da bexiga inicial (Tomlinson *et al.*, 2007). Embora vários estudos tenham mostrado resultados promissores, o valor prognóstico das mutações *do FGFR3* e os níveis de expressão proteica permanecem controversos (Hernandez *et al.*, 2006; Mhawech-Fauceglia *et al.*, 2006; Burger *et al.*, 2008; Miyake *et al.*, 2010). Os 3 proto-oncogenes *ras*, *H-ras*, *K-ras* e *N-ras*, pertencem a uma superfamília de genes que codificam proteínas de ligação a nucleótidos de guanina. As proteínas *p21* codificadas, altamente homólogas, estão localizadas na superfície interna da membrana celular. As proteínas *Ras* têm um papel importante na transmissão de sinais dos receptores de factores de crescimento na superfície celular para o núcleo da célula (Moodie *et al.*, 1993). À semelhança das proteínas G reguladoras, as proteínas *Ras* alternam entre uma forma ativa, ligada ao trifosfato de guanosina (GTP), e uma forma inativa, ligada ao difosfato de guanosina (GDP) (Bourne *et al.*,1991). As mutações oncogénicas bloqueiam as proteínas *ras* no seu estado ativo, ligado ao GTP. Desta forma, os mutantes *ras* aumentam a proliferação celular, induzem a transformação celular e são oncogénicos. O evento real, que transforma o proto-oncogene ras normal na sua forma oncogénica, é uma mutação pontual única que leva a uma substituição de aminoácidos na proteína codificada (Bos, 1988). Na prática, as mutações missense nos códons 12, 13 e 61 são críticas para a ativação do potencial oncogénico. As mutações nos proto-oncogenes *ras* ocorrem numa grande variedade de tumores humanos, embora a incidência seja muito variável (raramente detetável no cancro da mama, 10% nos tumores do trato urinário e 95% nos carcinomas pancreáticos) (Barbacid, 1990).

2.8 Papel da família do gene *ras* no cancro da bexiga

O nome *"ras"* é uma abreviatura de (Rat sarcoma), reflectindo a forma como os primeiros membros da família de proteínas foram descobertos. O nome *ras* é também utilizado para designar a família de genes que codificam essas proteínas. Quando *a ras* é "activada" por sinais de entrada, ativa subsequentemente outras proteínas, que, em última análise, activam genes envolvidos no crescimento, diferenciação e sobrevivência das células. Isto pode causar uma sinalização involuntária e hiperactiva no interior da célula, mesmo na ausência de sinais de entrada (Puente *et al.*, 2006). Uma vez que estes sinais resultam no crescimento e na divisão celular, a sinalização excessiva *do ras* pode, em última análise, conduzir ao cancro (Goodsell, 1999). O proto-oncogene *H-ras* (Harvey rat sarcoma viral oncogene homologue) está localizado na parte terminal do braço curto do cromossoma 11. É constituído por quatro exões codificantes e um exão não codificante, este último localizado mais próximo da extremidade 5, uma mutação pontual num dos três pontos quentes (códões 12, 13 e 61). Pode resultar na estimulação contínua da proliferação e no desenvolvimento de muitos tipos de cancro (Rajalingam *et al.*, 2007; Gouda *et al.*, 2007). Verifica-se que uma grande variedade de cancros humanos apresenta mutações em membros da família do gene *ras* (Buyra *et al.*, 2003; Pandith *et al.*, 2010; Beukers *et al.*, 2014; Dancika *et al.*, 2014). A deteção precoce do carcinoma da bexiga é extremamente importante e pode ter um grande impacto no resultado, uma vez que a deteção em fase precoce localizada dá 90 % de hipóteses de sobrevivência de pelo menos 5 anos, em comparação com 9 % de hipóteses de sobrevivência na deteção tardia (Boman *et al.*, 2002; Jin *et al.*, 2014). As mutações *H-ras* são frequentemente observadas no cancro da bexiga (Traczyk *et al.*, 2011; Wang *et al.*, 2014), o que tornou o rastreio dos genes de mutações *Ras* um marcador útil para a deteção precoce do cancro da bexiga (Vrooman e Witjes, 2008; Netto, 2012). Nas células normais em repouso, Ras está predominantemente ligada ao GDP e inativa. Em resposta à estimulação por factores de crescimento e à ativação de factores de troca de nucleótidos de guanina selectivos para Ras (RasGEF; por exemplo, Sos1), *Ras* passa rapidamente para o estado ligado a GTP. As formas mutacionalmente activadas de *ras* encontram-se em cerca de 30 % dos cancros humanos (Cox e Der, 2010). Estes cancros apresentam substituições de um único aminoácido, mais frequentemente em G12, G13 ou Q61. Este caso prejudica as actividades de hidrólise de GTP intrínsecas e estimuladas por GAP e torna as proteínas *ras* mutantes persistentemente ligadas a GTP na ausência de estímulos extracelulares. As proteínas *ras mutantes* são então persistentemente ligadas aos seus efectores, causando uma sinalização persistente do efector.

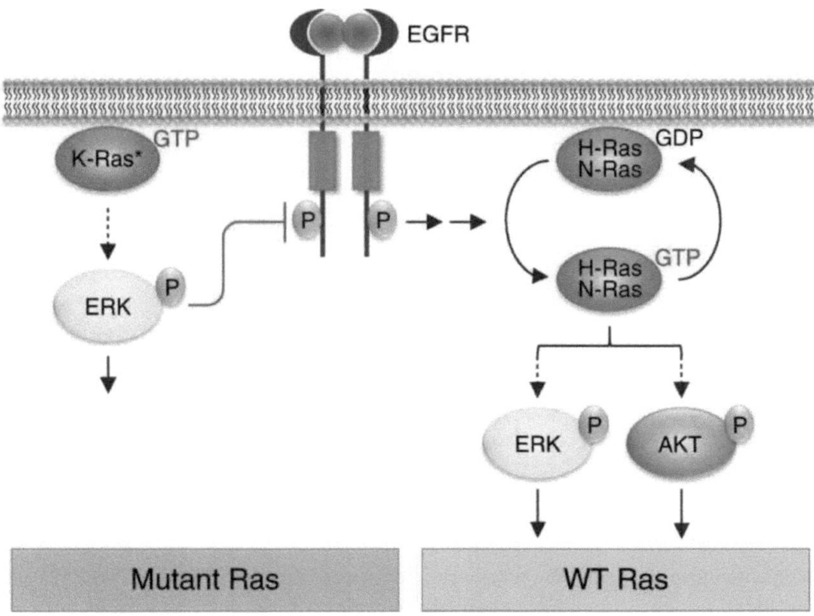

Figura 2.1: Via dos genes *Ras* (Hayes e Der, 2012)

A interação funcional entre o *ras* de tipo selvagem (WT) e *o ras* mutante é apresentada na figura (1), que explica as interações de sinalização entre o *K-ras* ativado por mutação e os *H-ras* e *N-ras* de tipo selvagem. Também se observam interações semelhantes em células tumorais humanas com *H-ras* ou *N-ras* mutados. As restantes 2 isoformas *de ras de* tipo selvagem. O silenciamento por siRNA do *K-ras* mutante ou simultaneamente do *H-ras* e *do N-ras* de tipo selvagem reduz a proliferação de células tumorais designa *o K-ras* mutante (Hayes e Der, 2012).

Os tumores da bexiga albergam mutações activadoras nos genes da família ras em aproximadamente 7-17 % das amostras (Jebar *et al.*, 2005). Ao contrário da maioria dos tumores que albergam um alelo *K-ras* ativado, o protooncogene *H-ras* é ativado nos tumores da bexiga, fornecendo provas da especificidade tecidular dos genes da família *ras*. Uma elevada incidência de mutações *ras* em tumores da bexiga detectou mutações pontuais no códão 12 do *H-ras* em 66 % dos espécimes com um ensaio combinado de PCR-RFLP (Birkhahn *et al.*, 2010). A principal função das proteínas *ras* é induzir a ativação de cinases a jusante pertencentes à via da proteína cinase activada por mitogénio, o que, por sua vez, resulta numa sinalização mitogénica contínua e na transformação de células imortalizadas (Gapon *et al.*, 1983). O primeiro relato da ativação de mutações *ras* em tumores da bexiga foi feito por Bos (1989) na *linha celular T24*. Desde então, foram realizados muitos estudos sobre tumores da bexiga humana em todo o mundo e foram relatados diferentes tipos de mutações activadoras de *ras* envolvidas na tumorigénese (Viola *et al.*, 1985; Karimianpour *et al.*, 2008). Nas redes de sinalização celular, a participação de *H-ras*, *N-ras* ou *K-ras* na via *Ras-Raf-MAPK* tem-se revelado essencial para o controlo da proliferação, diferenciação e sobrevivência das células eucarióticas. De facto, a relevância evolutiva e a importância desta via são sublinhadas pelo número crescente de condições patológicas que têm sido associadas a alterações em alguns dos seus componentes (Julian e Alex, 2006). Alterações moleculares de muitos outros componentes da via de sinalização, como *B-Raf*, *EGFR* e *NF-1*, foram descritas em associação com o desenvolvimento de vários tipos diferentes de doenças malignas (Cacev *et al.*, 2005; Khoukaz, 2006; Dhomen e Marais, 2007). Na maioria dos casos, os dados experimentais indicam que as mutações de diferentes componentes da via de sinalização são eventos mutuamente exclusivos, como documentado para os oncogenes *BRAF* e *ras* no caso dos melanomas malignos (Davies *et al.*, 2002). No entanto, em alguns casos, podem coexistir alterações moleculares simultâneas de mais do que um componente desta via. Este facto é significativo, por exemplo, no caso dos tumores sólidos, em que a amplificação simultânea de genes relacionados com *o EGFR* e a presença ou ausência de mutações *do K-ras* são preditivos da resposta a novos fármacos que visam *o EGFR* (Amado *et al.*, 2008). O espetro do cancro da bexiga inclui doença não músculo-invasiva, músculo-invasiva e metastática, cada uma com o seu comportamento típico, prognóstico e tratamento específicos (Vrooman e Witjes, 2008). O cancro da bexiga é um dos cancros mais comuns no ser humano. Existem praticamente dois tipos principais. Cerca de 70 % dos doentes com cancro da bexiga apresentam tumores não invasivos do músculo (NMI), que recidivam frequentemente e não são geralmente fatais, mas fazem do cancro da bexiga um dos cancros mais dispendiosos de tratar. Os restantes 30 % dos doentes apresentam tumores músculo-invasivos (MI) (Dancika *et al.*, 2013; Jin *et al.*, 2014).

As técnicas baseadas no ADN reflectem mais fortemente a invasividade e o prognóstico do cancro e estas técnicas podem ser utilizadas como bons testes complementares para a avaliação do cancro da bexiga (Smith e Guzzo, 2013; Wang *et al.*, 2014). A LOH na região de um gene supressor de tumor conhecido é considerada indicativa de uma mutação na cópia remanescente do gene, resultando na perda da função supressora de tumor do produto do gene. Vários estudos relataram alterações frequentes do cromossoma 9, ocorrendo no início da tumorigénese, mas também presentes em todos os estádios e graus (Ploussard *et al.*, 2010). A deteção de perda de heterozigotia (LOH) para alguns genes associados a tumores foi muito investigada e a LOH foi considerada a mutação mais frequente de alguns genes, como o *P53*, *Rb1* e H-ras, que resultam de deleções relativamente grandes, particularmente nos exões (Innis *et al.*, 1990). A perda de heterozigotia (LOH) foi descrita como um tipo distinto e frequente de alterações moleculares. A LOH na região de um gene supressor de tumor conhecido é considerada indicativa de uma mutação na cópia restante do gene, resultando na perda da função supressora de tumor do produto do gene (Berger *et al.*, 2002; Burger *et al.*, 2006).

Por outro lado, os genes *P53, Rb1* e *H-ras* são genes supressores de tumores e são considerados essenciais para o controlo e a regulação de outros genes, nomeadamente oncogénicos.

As mutações *de Ras* são comuns em tumores não invasivos do músculo (NMI) e a deficiência *de P53/RB1* é comum em tumores invasivos do músculo (MI) (Dancika *et al.,* 2013). Juntamente com as mutações no *FGFR3* e no *PIK3CA*, as mutações nos genes *ras* são as mutações mais comuns encontradas no CB e até 13 % de todos os tumores da bexiga apresentam uma mutação nos genes *H-ras*, *K-ras* ou *N-ras*. Existem poucos dados disponíveis sobre estas mutações oncogénicas no CB de doentes com menos de 20 anos (Jebar *et al.*, 2005). O risco de recorrência e o risco de progressão exigem um acompanhamento ao longo da vida através de cistoscopia. A norma atual é realizar uma cistoscopia juntamente com citologia da urina a cada 3-4 meses nos primeiros 2 anos e duas vezes por ano a partir daí (Babjuk *et al.*, 2008). Os autores demonstraram que, nos Países Baixos, os doentes com CMNI são submetidos a uma média de 20 cistoscopias durante os primeiros 9 anos de seguimento (Kompier *et al.*, 2009). Com uma recorrência detectada em apenas um de sete desses momentos de acompanhamento. Para os EUA e a Europa, com populações de 300 e 450 milhões, isto equivaleria a 1 e 1,5 milhões de cistoscopias por ano. A redução do número de cistoscopias através, por exemplo, de um teste baseado na urina é um objetivo importante para melhorar a qualidade de vida (Vriesema *et al.*, 2000; Muezzinoglu *et al.*, 2005; Van der *et al.*, 2008). Além disso, pode conduzir a uma redução dos custos. Atualmente, o cancro da bexiga é o tipo de cancro mais dispendioso em termos de tratamento por doente (Riley *et al.*, 1995; Botteman *et al.*, 2003). Os tumores NMI-BC são caracterizados por uma elevada frequência de mutações no oncogene *FGFR3* (Billerey *et al.*, 2001; Van Rhijn *et al.*, 2003) que conduzem a uma ativação constitutiva da via *RAS-MAPK* (Kanai *et al.*, 1997; Hart *et al.*, 2001; Agazie *et al.*, 2003; Yasoda *et al.*, 2004; Di martino *et al.*, 2009). No MI-BC, prevalecem as mutações no gene *TP53*.

As mutações no *FGFR3* e no *TP53* são, em grande parte, mutuamente exclusivas, sugerindo que o NMI-BC e o MI-BC se desenvolvem ao longo de diferentes vias de oncogénese (Bakkar *et al.*, 2003; Van Rhijn *et al.*, 2004). No entanto, nos tumores em estádio *pT1* que invadem a camada de tecido conjuntivo subjacente ao urotélio, ocorrem frequentemente em conjunto (Bakkar *et al.*, 2003; Van Rhijn *et al.*, 2003). Estas mutações coincidem frequentemente com mutações *no FGFR3*. As mutações nos oncogenes *ras* (*H-ras*, *K-ras* e *N-ras*) também foram encontradas em 13 % dos tumores da bexiga e ocorreram em todos os estádios e graus (Jebar *et al.*, 2005; Platt *et al.*, 2009). Estas mutações eram mutuamente exclusivas das mutações *do FGFR3*. No entanto, não existem dados sobre o valor prognóstico, em termos de sobrevivência livre de recorrência, livre de progressão e específica da doença, das mutações *ras* e *PIK3CA* no cancro da bexiga, quer isoladamente quer em combinação com outras alterações. Em alguns tipos de cancro, as mutações *PIK3CA* têm sido associadas à invasividade e a um pior prognóstico (Kozaki *et al.*, 2006; Samules, 2006; Santarpia *et al.*, 2008; Ogino *et al.*, 2009; Sartore *et al.*, 2009). Por outro lado, existem exemplos de mutações somáticas em lesões cutâneas benignas que não progridem (Hafner *et al.*, 2007, 2009).

Capítulo 3

Materiais e métodos

3. Sujeitos, materiais e métodos:

3.1 Temas

Este estudo foi realizado durante o período de novembro de 2014 a novembro de 2015 na Universidade de Bagdade / Instituto de Engenharia Genética e Biotecnologia para estudos de pós-graduação.

3.1.1 Doentes

O estudo incluiu (40) amostras de doentes com cancro da bexiga.

Os doentes acima referidos foram selecionados nos Hospitais Nacionais Al-Amal e Ghazi Al-Hariri.

3.1.2 Controlo

Este estudo inclui também (25) amostras de pessoas aparentemente saudáveis.

3.2 Materiais e equipamentos:

3.2.1 Química:

Tabela (3.1): Produtos químicos utilizados no estudo.

Produtos químicos	**Empresa**	**País**
Etanol absoluto	Fluka	Alemanha
Agarose	Promega	EUA
Marcador de escada de ADN (100 bp)	Promega	EUA
Marcador de escada de ADN (25 pb)	Promega	EUA
EDTA	BDH	REINO UNIDO
Brometo de etídio	Promega	EUA
Carregamento de corante	Promega	EUA
Pré-mistura PCR (mistura principal)	Promega	EUA
Primários	Promega	Canadá
Proteinase K	Promega	EUA
Enzima *Bst* N1	Bioneer	Coreia
Msc 1 *enzima*	Bioneer	Coreia
Hpa II	Bioneer	Coreia
Tampão TBE (10x) (Tris-Borato EDTA)	Promega	EUA

1.1.2 Kits

Os kits utilizados e as suas fontes são apresentados no (**Quadro 3.2**).

Tabela (3.2): Kit utilizado no estudo.

Nome do kit	Empresa	país
Kit de purificação de ADN genómico	Bioneer	Coreia

1.1.3 Equipamentos:

Os equipamentos utilizados e as suas fontes são apresentados na (**Tabela 3.3**).

Tabela (3.3): Equipamentos utilizados neste projeto

Nome do equipamento	Empresa	País
Câmara digital	Sony	Japão
Sistema de eletroforese em gel	Avanço	Japão
Microcentrífuga	Eppendrof	Alemanha
Micropipeta (automática)	Eppendorf	Alemanha
Nanodrop	Mecasys	Coreia
Transiluminador	Vilberlourmat	França
Termociclador Veriti™	Biossistema Aplicado	EUA
Vórtice	Clay Adams	Alemanha

3.3 Métodos:

3.3.1 Colheita de sangue

As amostras foram colhidas a partir de amostras de sangue venoso (5 ml) em tubos anticoagulantes com EDTA, tanto de doentes com cancro da bexiga como de grupos de controlo saudáveis. Estas amostras foram utilizadas para extração e isolamento de ADN (estudos de genética molecular).

3.3.2 Isolamento de ADN genómico:

O ADN genómico total foi isolado do sangue total congelado para estudos moleculares, tendo sido aplicado em kits de purificação de ADN genómico (Bioneer).

3.3.2.1 Conteúdo do kit

1. Tampão de lise tecidular (TL).
2. Tampão de ligação (GC).
3. Tampão de lavagem 1.
4. Tampão de lavagem 2.
5. Tampão de eluição (EL).
6. Proteinase K (liofilizar).
7. Tubo de coluna de ligação ao ADN.
8. Tubos de dois ml para filtração.

9. Tubos (1,5) ml para eluição.

3.3.2.2 Procedimento de ensaio

O protocolo fornecido pela empresa Bioneer foi utilizado para o isolamento do ADN da seguinte forma:

1. Adicionar proteinase K (20 il) a um tubo limpo (1,5 ml).
2. Adicionou-se sangue total (200 Lil) ao tubo com proteinase K.
3. Adicionou-se tampão de aglutinação (GC) (200 il) à amostra e misturou-se imediatamente com um misturador vortex.
4. O tubo foi incubado a 60°C durante 10 minutos.
5. Adicionou-se isopropanol (100 il) e misturou-se bem por pipetagem.
6. O lisado foi transferido para o reservatório superior do tubo da coluna de ligação.
7. O tubo foi fechado e centrifugado a 8.000 rpm durante 1 minuto.
8. Abriu-se o tubo e transferiu-se o tubo da coluna de ligação para um novo tubo (2 ml) para filtração.
9. Adicionou-se tampão de lavagem 1 (W1) (500 il) e centrifugou-se a 8.000 rpm durante 1 minuto.
10. Abriu-se o tubo e verteu-se a solução do tubo (2 ml) para um frasco de recolha.
11. Adicionou-se tampão de lavagem 2 (W2) (500 il) e centrifugou-se a 8.000 rpm durante 1 minuto.
12. As amostras foram centrifugadas mais uma vez a 12.000 rpm durante 1 minuto para remover completamente o etanol.
13. O tubo da coluna de ligação foi transferido para um novo tubo (1,5 ml) para eluição.
14. Tampão de eluição (EL) (100 il) foi adicionado a um tubo da coluna de ligação.
15. As amostras foram centrifugadas a 8.000 rpm durante 1 minuto para eluir o ADN purificado.

3.3.3 Estimativa da concentração e pureza do ADN:

A concentração de ADN das amostras foi estimada utilizando um nanodrop, colocando 1 Lil do ADN extraído na máquina para detetar a concentração em ngniL e a pureza foi detectada observando a razão da densidade ótica (DO) 260/280 nm para detetar a contaminação das amostras com proteínas. O rácio 260/280 aceite para ADN puro situa-se entre 1,7 e 1,9 (Sambrook e Russell, 2001).

3.3.4 Eletroforese em gel de agarose

Após a extração do ADN genómico, foi efectuada uma eletroforese em gel de agarose para confirmar a presença e a integridade do ADN extraído (Sambrook e Russell, 2001).

3.3.4.1 Materiais de eletroforese em gel:

- Agarose.
- 1 X Tampão TBE.
- Azul de bromofenol em glicerol a 1 % (tampão de carga).
- Brometo de etídio.
- Marcador de escada de ADN (100 pb).

3.3.4.2 Protocolo de eletroforese em gel:

3.3.4.2.1 . Preparação do gel de agarose a 1 %:

As etapas da preparação do gel de agarose são as seguintes:

1. Colocou-se num copo a quantidade de 1 X TBE (50 ml).
2. Foi adicionado pó de agarose (0,5 g) ao tampão.
3. A solução foi aquecida até ao ponto de ebulição utilizando um banho de água até que todas as partículas de gel fossem dissolvidas.
4. Adicionou-se brometo de etídio (0,5 il) de (10 mg/ml) à solução de agarose.
5. A agarose foi agitada para ser misturada e para evitar a formação de bolhas.
6. A solução foi deixada a arrefecer a 50 - 60 °C.

3.3.4.2.2 Moldagem do gel de agarose horizontal:

A solução de agarose foi vertida no tabuleiro de gel. A agarose foi deixada a solidificar à temperatura ambiente durante 30 minutos. O pente fixo foi cuidadosamente retirado e o tabuleiro de gel foi colocado na cuba de gel. O tanque foi enchido com tampão TBE 1 X até atingir 1-2 mm sobre a superfície do gel (Sambrook e Russel, 2001).

3.3.4.2.3 Carregamento de ADN e eletroforese:

Misturou-se 7iil de ADN com 3iil de corante azul de bromofenol (tampão de carga). As amostras foram cuidadosamente colocadas nos poços individuais do gel e, em seguida, a energia eléctrica foi ligada a 5 volt/cm^2 durante 30 minutos. Posteriormente, o ADN passou dos pólos catódicos (-) para os pólos anódicos (+). As bandas coradas com brometo de etídio no gel foram visualizadas utilizando um transiluminador UV a 350 nm e fotografadas.

3.3.5 Técnica de PCR para os genes *H-ras*, *N-ras* e *K-ras*:

Para a técnica de PCR foram utilizados primers concebidos para os genes *ras* através de outro estudo (Trunzer *et al.*, 2013). **A Tabela (3.4)** mostra a sequência dos primers. O primer foi fornecido pela Promega Company como um produto liofilizado de diferentes concentrações de picomols. O primer liofilizado foi dissolvido em água livre de DNase/RNase para obter uma concentração final de 100 pmol/pl e mantido como stock a -20°C. Para preparar uma concentração de 10 pmol/pl como primer de trabalho, 10 pl de 100 pmol/pl foram ressuspendidos em 90 pl de DNase/RNase livre para atingir uma concentração final de 10 pmol/pl.

O master mix de PCR (12,5) pl foi misturado com (4 pl) de ADN e (0,5 pl) de cada primer forward e reverse e, em seguida, o volume foi completado até (25 pl) com água destilada desionizada sem nucleases, de acordo com as instruções da empresa. **As tabelas (3.5 e 3.6)** mostram os programas de PCR .

Tabela (3.4). Sequências dos primers (Trunzer *et al.*, 2013)

Nome dos primers		**Sequência dos iniciadores**	**Tamanho do produto PCR**
N-ras	Cartilha F	**'5-GGTGAAACCTGTTTGTTGGA-'3**	103 pb
	Cartilha R	**'5-ATACACAGAGGAAGCCTTCG-'3**	
K-ras	Cartilha F	**'5-GACTGTGTTTCTCCCTTCT-'3**	161 pb
	Cartilha R	**'5-TGGCAAATACACAAAGAAAG-'3**	
H-ras	Cartilha F	**'5-TCCTGCAGGATTCCTACCGG-'3**	194 pb
	Cartilha R	**'5-GGTTCACCTGTACTGGTGGA-'3**	

Tabela (3.5). Programa PCR para os genes *N-ras* e *K-ras*

Passos	**Temperatura (°C)**	**Tempo**	**N.° de ciclos**
Desnaturação inicial	95	4 min.	1
Primeira volta:			
Desnaturação	95	30 seg.	35
Recozimento	52	1 min.	
Extensão	72	30 seg.	
Extensão final	72	9 min.	1

Tabela (3.6). Programa PCR para o gene *H-ras*

Passos	**Temperatura (°C)**	**Tempo**	**N.° de ciclos**
Desnaturação inicial	95	4 min.	1
Primeira volta:			
Desnaturação	95	30 seg.	35
Recozimento	60	1 min.	
Extensão	72	30 seg.	
Extensão final	72	9 min.	1

3.3.5.1 Deteção de produtos PCR por eletroforese em agarose.

Cinco il de produtos amplificados foram analisados por eletroforese em gel de agarose a 2%, que foi corado com brometo de etídio (0,5 iig/ml), a 5 volt/cm^2 durante 1 hora, em tampão TBE 1 X. Em seguida, foi visualizado sob luz UV utilizando um transiluminador ultravioleta. Foi utilizada uma escada de ADN (100-1000 pb) e o gel foi fotografado com uma câmara digital.

3.3.6 Digestão enzimática dos produtos PCR:

3.3.6.1 Digestão enzimática *Bst* N1 para o gene *H-ras*:

Os produtos amplificados 10 pl foram misturados com 5 unidades de enzima *Bst* N1, 2 pl de tampão enzimático e 7,7 pl de água destilada desionizada livre de nucleases, depois foram incubados durante 3 horas a 60 °C (Karimianpour *et al.*, 2008).

3.3.6.2 Deteção da digestão da enzima *Bst* N1 por eletroforese em agarose.

Toda a mistura de digestão enzimática foi carregada no poço com gel de agarose a 2% corado com brometo de etídio 0,5 pg /ml, a 5 Volt/cm^2 durante 1 hora, em tampão TBE 1 X. Em seguida, foi visualizada sob luz UV utilizando um transiluminador ultravioleta.

Foi utilizada uma escada de ADN (25-250 bp) e o gel foi fotografado com uma câmara digital (Karimianpour *et al.*, 2008).

3.3.6.3 *Msc* 1 Digestão enzimática para o gene *N-ras*:

Os produtos amplificados 10 pl foram misturados com 5 unidades de enzima *Msc* 1, 2 pl de tampão enzimático e 7,7 pl de água destilada desionizada livre de nucleases, depois foram incubados durante 3 horas a 37 °C (Karimianpour *et al.*, 2008).

3.3.6.4 Deteção da digestão da enzima *Msc* 1 por eletroforese em agarose.

Toda a mistura de digestão enzimática foi carregada no poço com gel de agarose a 2% corado com brometo de etídio 0,5 pg /ml, a 5 Volt/cm^2 durante 1 hora, em tampão TBE 1 X. Em seguida, foi visualizada sob luz UV utilizando um transiluminador ultravioleta.

Foi utilizada uma escada de ADN de 25-250 pb e o gel foi fotografado por uma câmara digital (Karimianpour *et al.*, 2008).

3.3.6.5 Digestão enzimática *Hpa* II para o gene *K-ras*:

Os produtos amplificados 10 ill foram misturados com 5 unidades de enzima *Hpa* II, 2 ill de tampão enzimático e 7,7 ill de nucleases livres em água destilada desionizada, depois foram incubados durante 3 horas a 37 °C (Karimianpour *et al.*, 2008).

3.3.6.6 Deteção da digestão enzimática *Hpa* II por eletroforese em agarose.

Toda a mistura de digestão enzimática foi carregada no poço com gel de agarose a 2%, corado com brometo de etídio 0,5 ig/ml, a 5 Volt/cm^2 durante 1 hora, em tampão TBE 1 X. Em seguida, foi visualizado sob luz UV utilizando um transiluminador ultravioleta.

Foi utilizada uma escada de ADN de 25-250 pb e o gel foi fotografado por uma câmara digital (Karimianpour *et al.*, 2008).

3.3.7 Sequenciação de produtos PCR.

Os produtos de PCR das regiões analisadas dos genes *H-ras, N-ras* e *K-ras* e os primers foram enviados para a Macrogen Company (EUA) para sequenciação. Os dados da sequenciação foram analisados utilizando o sítio do Centro Nacional de Informação Biotecnológica (NCBI) e o sistema Bioedit.

3.4 Análise estatística

O Sistema de Análise Estatística - SAS (2012) foi utilizado para detetar o efeito dos diferentes factores dos parâmetros do estudo. O teste do qui-quadrado foi utilizado para comparar significativamente as médias do estudo.

Capítulo 4

Resultados e debate

4.1 Perfil dos doentes

Foram incluídos no estudo quarenta doentes do sexo masculino com carcinoma da bexiga de células de transição e vinte e cinco amostras de indivíduos aparentemente saudáveis. Os doentes tinham idades compreendidas entre 21 e 87 anos. Os doentes foram agrupados em cinco grupos de acordo com a idade, como se mostra na **Tabela (4.1)**. Um pequeno número de doentes foi registado no grupo etário 1, enquanto a maioria dos doentes se dividiu de forma quase igual entre os outros grupos etários **(Figura 4.1)**. Os resultados indicam que a incidência do carcinoma da bexiga pode ocorrer em qualquer idade, mas aumenta nas idades mais avançadas. Os resultados do presente estudo concordam com os obtidos por Kraidi (2015), que afirmou que a idade é amplamente aceite como o maior fator de risco individual para o desenvolvimento de carcinoma da bexiga. É geralmente uma doença de pessoas idosas. Um estudo de Jemal *et al.* (2009) afirmava que a incidência do carcinoma da bexiga aumenta com a idade. O cancro da bexiga é raro em pessoas com menos de 50 anos de idade, embora possa ocorrer em qualquer idade (Parag *et al.*, 2009).

De acordo com a **Tabela (4.1)**, há uma diferença altamente significativa entre o número de fumadores 26 (65,0%) e o de não fumadores 14 (35,0%) doentes com os respectivos grupos etários ($P<0,01$). Além disso, existem diferenças altamente significativas entre o número de doentes fumadores e não fumadores na maioria dos grupos etários ($P<0,01$). O grupo 3 foi altamente significativo (X^2 13,09) (OR1,861), seguido pelo grupo 2 (X^2 11,25) (OR 1,682), grupo 5 (X^2 11,25) (OR 1,682) e grupo 4 (X^2 7,25) (OR 1,279) respetivamente, enquanto não há diferença significativa entre fumadores e não fumadores no grupo 1 (X^2 0,00) (OR 0,00). Estes resultados sugerem que os carcinogéneos existentes nos cigarros podem induzir mutações nos genes *ras*. Esta correlação foi muito bem estabelecida por outros, num estudo realizado por Meteab (2015), que concluiu que o número de fumadores era de 80% e 16% nos doentes e nos indivíduos de controlo, respetivamente. O tabagismo é um fator de risco estabelecido para o cancro da bexiga (American Cancer Society, 2015). As provas epidemiológicas de uma associação entre o cancro da bexiga e o tabagismo foram bem estabelecidas, 51 % dos doentes eram fumadores, o que mostra uma correlação direta entre o tabagismo e a incidência de cancro da bexiga (Karimianpour *et al.*, 2008). O consumo de cigarros aumenta substancialmente o risco de desenvolver cancro da bexiga. A duração do consumo de cigarros é o principal fator determinante do risco de desenvolvimento do cancro da bexiga, independentemente das diferenças em termos de invasividade ou morfologia do tumor (Zeegers *et al.*, 2002). Estes resultados indicam que o tabagismo é o principal risco de cancro da bexiga.

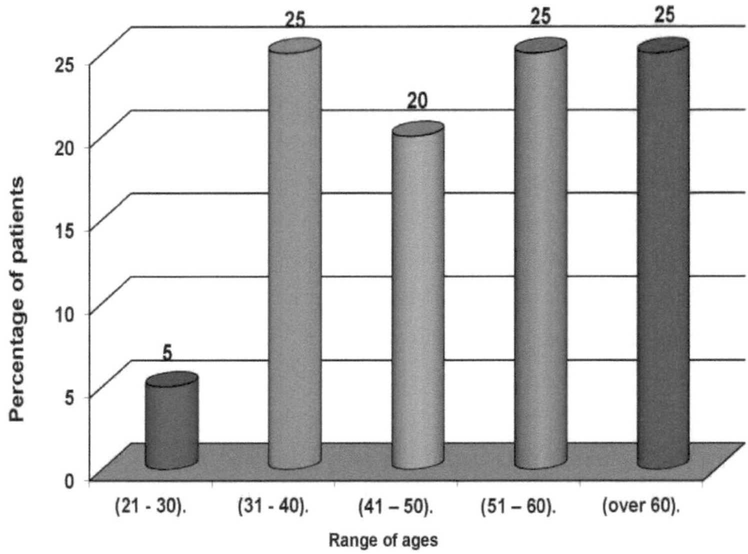

Figura (4.1): Percentagem de amostras de doentes de acordo com os intervalos de idade

Tabela (4.1): Perfis das amostras de doentes incluídos no estudo de acordo de acordo com as faixas etárias

Faixa etária	Número de pacientes	Fumador	Não fumador	Chi quadrado (x^2)	Rácio de probabilidade (OR)
Grupo 1 (21 - 30)	2 (5.0 %)	1 (50.0%)	1 (50.0%)	0,00 NS	0.00
Grupo 2 (31 - 40)	10 (25.0 %)	7 (70.0%)	3 (30.0%)	11.25 **	1.682
Grupo 3 (41 - 50)	8 (20.0 %)	7 (87.5%)	1 (12.5%)	13.09 **	1.861
Grupo 4 (51 - 60)	10 (25.0 %)	4 (40.0%)	6 (60.0%)	7.25 **	1.279
Grupo 5 (mais de 60 anos)	10 (25.0 %)	7 (70.0%)	3 (30.0%)	11.25 **	1.682

Total e percentagens	40 (100.0 %)	26 (65.00 %)	14 (35.00 %)	9.62 **	1.483
Número de doentes com mutações do número total	15 (37.5 %)	9 (34.61 %)	6 (42.85 %)		
Qui-quadrado (x^2)	8.925 **	12.736 **	11.301**		

1 (P<0,01), NS: Não significativo.

4.2 Análise molecular dos genes *H-ras*, *N-ras* e *K-ras* em doentes com cancro da bexiga e controlos saudáveis

4.2.1 Extração de ADN genómico

Os resultados da extração de ADN mostraram que as amostras produziram uma concentração de ADN entre 2-4 ¡Lig/pl (**Figuras 4.2**).

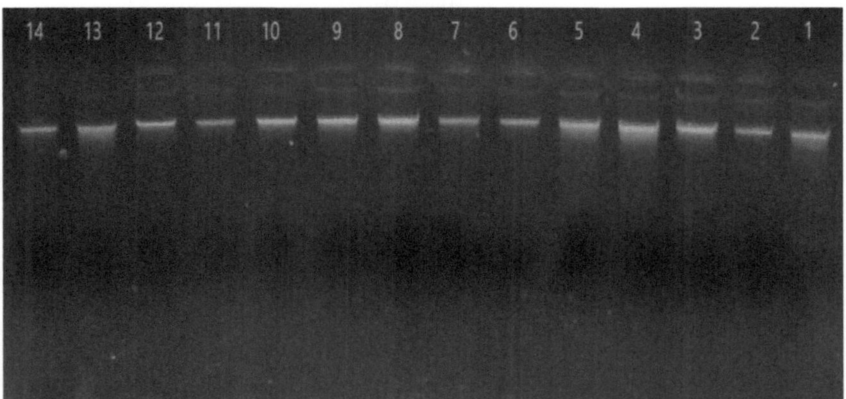

Figura (4.2): Eletroforese em gel de amostras de ADN extraído de sangue saudável e de sangue de doentes com cancro da bexiga em agarose a 1% a 100 volts durante 30 minutos, coradas com brometo de etídio Brometo de etídio (0,5 gg\ml) e visualizado sob luz UV. Pistas 1 a 10 de doentes com cancro da bexiga;pistas 11 - 14 ADN de uma pessoa saudável

4.2.2 Análise por PCR e REFLP do códão 61 de *H-ras*, *N-ras* e *K-ras* em doentes com cancro da bexiga e controlos saudáveis

A análise PCR de 61 codões dos genes ***H-ras***, ***N-ras*** e ***K-ras*** é apresentada nas figuras (**4.3, 4.4 e 4.5**). As regiões amplificadas por PCR dos genes ***H-ras***, ***N-ras*** e ***K-ras*** de doentes e saudáveis apresentaram um peso molecular de cerca de 194 pb, 103 pb e 161 pb, respetivamente.

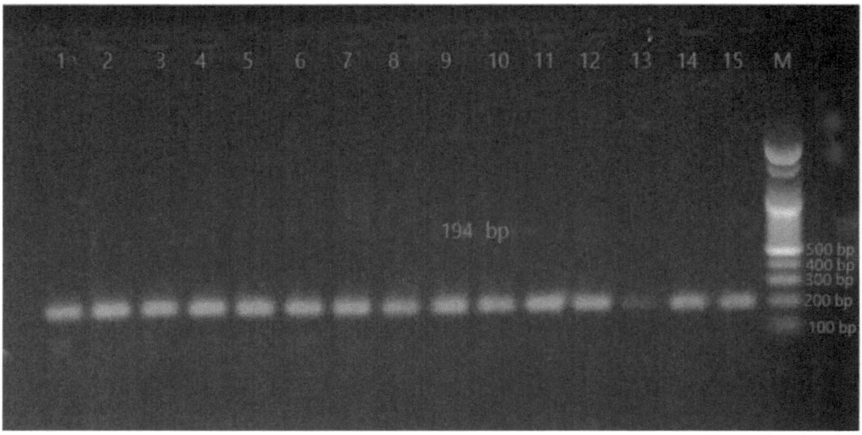

Figura 4.3 Eletroforese em gel dos produtos de PCR do codão 61 de *H-ras* para pacientes saudáveis e doentes com cancro da bexiga em agarose a 2% a 100 volts durante 30 minutos, corados com Brometo de etídio (0,5 gg\ml) e visualizado sob luz UV. M, escada (100-1000 pb), pistas 1 - 10 amostras de cancro da bexiga de doentes; pistas 11 - 15 amostras de controlo saudáveis

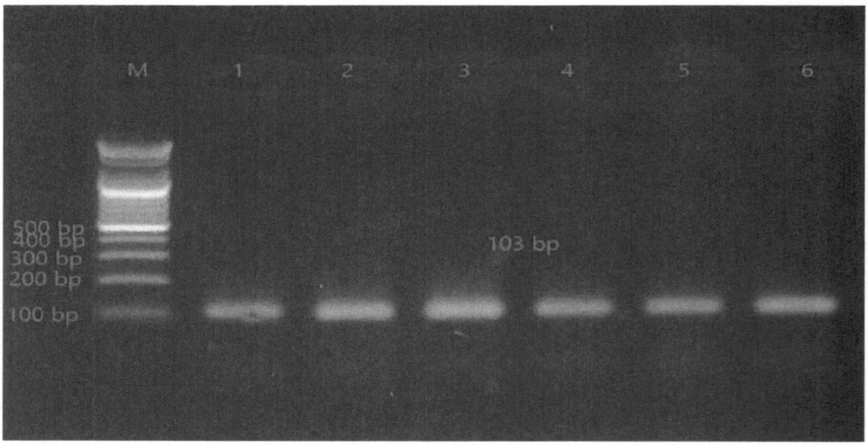

Figura 4.4 Eletroforese em gel dos produtos de PCR do códão 61 do *N-ras* para pacientes saudáveis e doentes com cancro da bexiga em agarose a 2% a 100 volts durante 30 minutos, corados com Brometo de etídio (0,5 gg\ml) e visualizado sob luz UV. M, escada (100-1000 pb), pistas 1 - 4 amostras de cancro da bexiga de doentes; pistas 5 e 6 amostras de controlo saudáveis

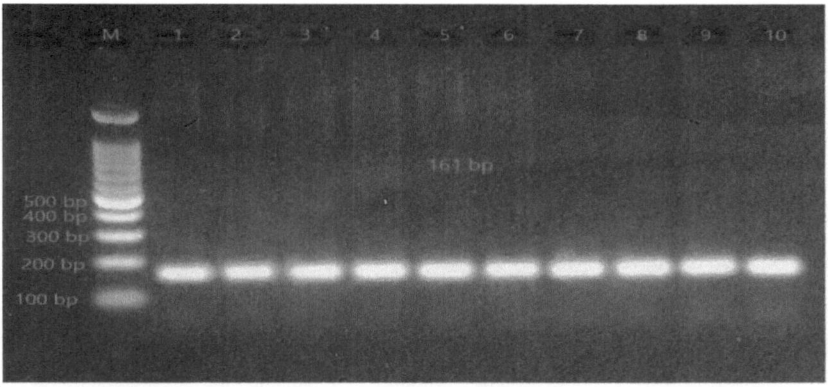

Figura (4.5): Eletroforese em gel dos produtos de PCR do códão 61 do *K-ras* para doentes saudáveis e doentes com cancro da bexiga em agarose a 2% a 100 volts durante 30 minutos, corados com brometo de etídio (0,5 gg\ml) e visualizados sob luz UV. M, ladder (100-1000 pb), pistas 1-7 amostras de cancro da bexiga de doentes; pistas 8-10 amostras de controlo saudáveis

O polimorfismo de comprimento de fragmentos de restrição (RFLP) foi efectuado em produtos de PCR na região 61 dos genes ***H-ras***, ***N-ras*** e ***K-ras***, utilizando as enzimas ***Bst*** **NI**, ***Msc*** **I** e ***Hpa*** **II**, respetivamente. Não existem sítios de restrição para as enzimas ***Msc*** **I** e ***Hpa*** **II** nas sequências dos genes ***N-ras*** e ***K-ras***, mas se houver mutações em sequências específicas que criem novos sítios de restrição, as enzimas cortarão as sequências-alvo num tipo variável de acordo com o número de novos sítios. Enquanto o produto ***H-ras*** PCR tem um sítio para a enzima ***Bst*** **NI**. A digestão dos produtos da PCR ***do H-ras*** (194 pb) com a enzima ***Bst*** **NI** revelou que foi detectado um local de restrição para a enzima ***Bst*** **NI**, dando origem a dois fragmentos de 131 pb e 63 pb (**Figuras 4.6 e 4.7**). Por outro lado, os produtos da PCR ***de N-ras*** e ***K-ras*** digeridos por ***Msc*** **I** e ***Hpa*** **II** revelaram que não foram criados novos sítios de restrição para estas enzimas (**Figuras 4.8, 4.9, 4.10 e 4.11**).

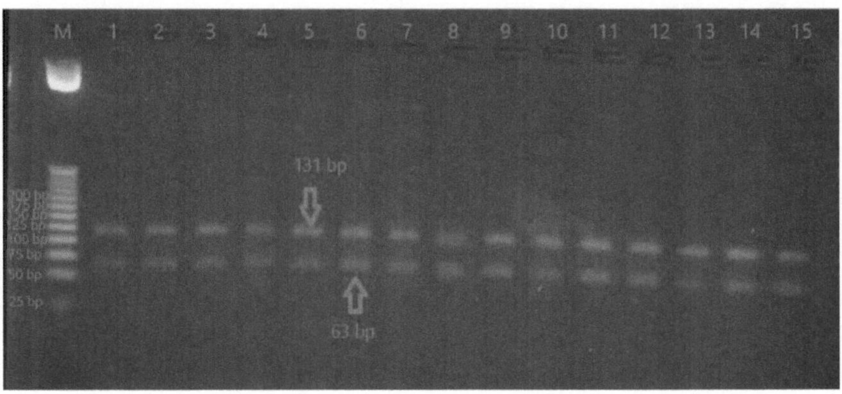

Figura 4.6 Produtos de PCR *do H-ras* digeridos com a enzima *Bst* NI analisados num gel de

agarose a 2% a 100 volts durante 45 minutos, corados com brometo de etídio (0,5 gg\ml) e visualizados num gel de a 100 volts durante 45 minutos, corados com brometo de etídio (0,5 gg\ml) e visualizados sob luz UV.sob luz UV. Faixa M: Ladder (25-250 pb), as faixas 1 - 10 representam doentes com normal; as pistas 11 - 15 representam o controlo com patteren normal

Homo sapiens Homólogo do oncogene viral do sarcoma do rato de Harvey (HRAS), RefSeqGene no cromossoma 11

Sequência de referência NCBI: NG_007666.1

Gráficos GenBank

<gi|187960074:6599-6792 Homo sapiens Homólogo do oncogene viral do sarcoma do rato de Harvey (HRAS), RefSeqGene no cromossoma 11

6599

TCCTGCAGGATTCCTACCGGAAGCAGGTGGTCATTGATGGGG
AGACGTGCCTGTTGGACATCC..63bpTGGATACCGCCGGCCAG
GAGGAGTACAGCGCCATGCGGGACCAGTACATGCGCACCGG
GGAGGGCTTCCTGTGTGTGTTTGCCATCAACAACACCAAGTC
TTTTGAGGACATCCACCAGTACAGGTGAACC 6792 131 bp

Figura 4.7 Sequência do produto de PCR *do H-ras* mostrando o sítio de restrição (CCTGG) da enzima *Bst* NI

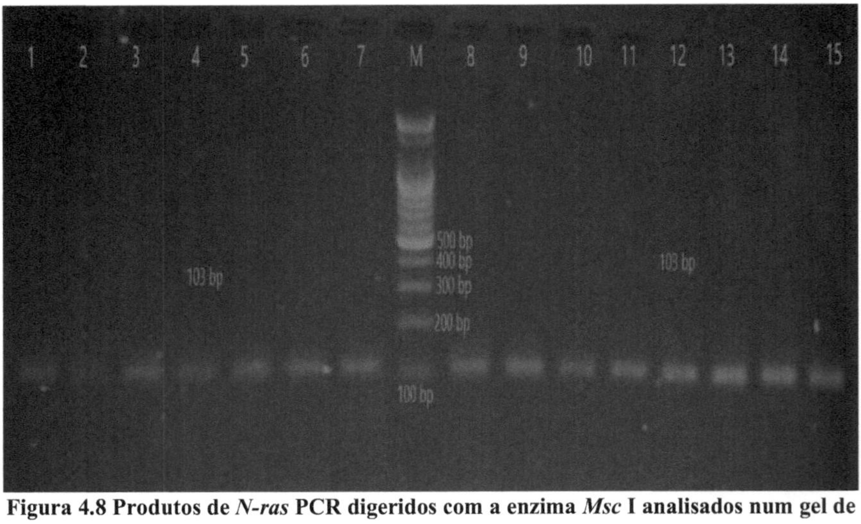

Figura 4.8 Produtos de *N-ras* PCR digeridos com a enzima *Msc* I analisados num gel de agarose a 2% a 100 volts durante 45 minutos, corados com brometo de etídio (0,5 gg\ml) e visulizados sob

Luz U.V. Pista M: Ladder (100-1000 pb), as pistas 1 - 7 representam doentes com patteren normal, as pistas 8 - 15 representam o controlo com patteren normal

Homo sapiens neuroblastoma RAS homólogo do oncogene viral (v-ras) (NRAS), RefSeqGene (LRG_92) no cromossoma 1

Sequência de referência NCBI: NG_007572.1

7947

GGTGAAACCTGTTTGTTGGACATACTGGATACAGCTGGACAA

GAAGAGTACAGTGCCATGAGAGACCAATACATGAGGACAGGC

GAAGGCTTCCTCTGTGTAT 8049

Figura 4.9 Sequência do produto da PCR *do N-ras* mostrando o sítio de restrição (TGGCCA) da enzima *Msc* I

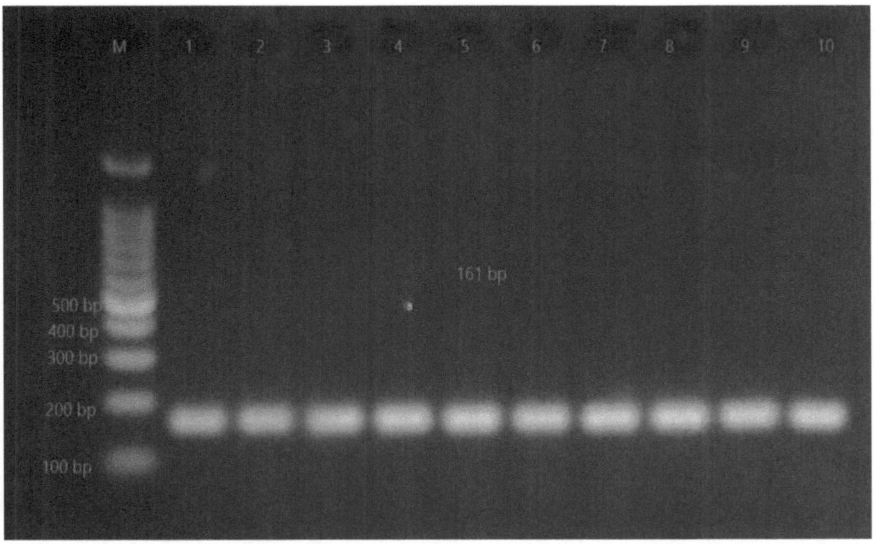

Figura 4.10 Produtos de PCR *do K-ras* digeridos com a enzima *Hpa* II analisados num gel de agarose a 2% a 100 volts durante 45 minutos, corados com brometo de etídio (0,5 gg\ml) e visualizados num gel de a 100 volts durante 45 minutos, corados com brometo de etídio (0,5 gg\ml) e visualizados sob luz UV.sob luz UV. Pista M: Ladder (100-1000 bp), as pistas 1 - 7 representam doentes com normal, as pistas 8 - 10 representam o controlo com patteren normal

Homo sapiens Homólogo do oncogene viral do sarcoma do rato de Kirsten (KRAS), RefSeqGene no cromossoma 12

Sequência de referência NCBI: NG_007524.1

28487

GACTGTGTTTCTCCCTTCTCAGGATTCCTACAGGAAGCAAGTA
GTAATTGATGGAGAAACCTGTCTCTTGGATATTCTCGACACA
GCAGGTCAAGAGGAGTACAGTGCAATGAGGGACCAGTACATG
AGGACTGGGGAGGGCTTTCTTTGTGTATTTGCCA 28647

Figura 4.11 Sequência do produto de PCR *do K-ras* mostrando o sítio de restrição (CCGG) da enzima *Hpa* II

Um dos estudos mostrou que a enzima de restrição ***Hpa* II** foi utilizada para determinar qualquer mutação pontual no códão 12 do *H-ras*. Apenas o amplicon de tipo selvagem contendo o local de reconhecimento da endonuclease pôde ser cortado e dar origem a fragmentos de 390 pb e 30 pb. Não foi encontrada qualquer mutação pontual no sítio da enzima de restrição no códão 12 do *H-ras*, o que está de acordo com o presente estudo. A enzima de restrição ***Msc* I** foi utilizada para a digestão do códão 61 do *N-ras*. O local de corte correto da enzima (*TGG[CCA)* não é encontrado no tipo selvagem. Caso a mutação ocorrida no local da enzima de restrição conduza a um local de corte adequado, a enzima de restrição ***Msc* I** seria capaz de cortar o fragmento de PCR em dois fragmentos (Karimianpour *et al.*, 2008). Por conseguinte, este resultado também está de acordo com o presente estudo, que mostrou que não ocorrem mutações pontuais nos sítios de restrição das enzimas dos genes.

4.2.3 Deteção de mutações do exão 61 do *H-ras, N-ras e K-ras* por sequenciação do ADN:

Os produtos de PCR do códão 61 dos genes *ras dos* doentes com cancro da bexiga foram analisados quanto a mutações por sequenciação. Os resultados da sequenciação dos doentes foram comparados com as sequências de referência dos genes *ras* humanos (http: NCBI Reference Sequence).

Os resultados dos quarenta doentes incluídos neste estudo foram enviados para sequenciação pela Macrogen Company. Os resultados revelaram que 15 (37,5 %) doentes apresentavam mutações *ras*, tendo sido registado um total de oito mutações. Duas (25,0 %) foram detectadas na região *H-ras*, uma (12,5 %) na região *N-ras* e 5 (62,5 %) na região *K-ras*. Entre as 8 mutações, 3 eram deleções e as restantes mutações eram subestações. A análise das mutações está resumida nas (**Tabelas 4.2 e 4.3**).

As mutações detectadas na região *do H-ras* incluíam dois tipos, (g.6631 del A) e (g.6631 A>C) (**Figuras 4.12 e 4.13**), tendo cada tipo sido encontrado em 3 doentes. Além disso, foram detectadas cinco mutações na região *do K-ras* (g.28542 del G, g.28543 A>C, g.28544 A>C, g.28532-28533 AT>TG) (**Figura 4.14**). As mutações mais frequentes foram (g.28542 del G) e (g.28543 A>C), que foram detectadas em 15 doentes para cada uma, seguidas das mutações (g.28544 A>C) e (g.28532-28533 AT>TG), que também foram detectadas em 9 doentes para cada uma. Foi detectada uma mutação na região *N-ras*, a mutação (g.7987 del A) (**Figura 4.15**), que foi detectada em 6 doentes. Além disso, os resultados revelaram que seis doentes apresentavam mutações compostas (com todas as mutações *H-ras, N-ras* e *K-ras*) e nove doentes apresentavam mutações apenas num gene (*H-ras, N-ras* ou *K-ras*). A distribuição das mutações compostas foi (g.6631del A no *H-ras*, g.7987 del A no *N-ras*, g.28542 del G / g.28543 A> C no *K-ras*) detectada em 3 doentes. As outras mutações compostas foram (g.6631A> C no *H-ras*, g.7987 del A no *N-ras*, g.28532 A>T / g.28533 T >G / g.28542 del G / g.28543 A>C / g.28544 A>C no *K-ras*) detectadas também em 3 doentes. Neste estudo, a diferença entre os dois grupos de doentes com mutações compostas foi a região *K-ras*. As mutações detectadas nesta região ocorreram mais frequentemente entre os doentes infectados com carcinoma da bexiga do que as *H-ras* e *N-ras*. Esta observação mostra o papel importante deste gene na ocorrência do cancro da bexiga. Verificaram-se diferenças altamente significativas ($P<0,01$, X^2 6,319) entre o número de doentes com cancro da bexiga com mutações do gene *K-ras* (g.28542 del G, g.28543 A>C, g.28544 A>C, g.28532-33 AT>TG), enquanto não se verificaram diferenças significativas entre as mutações do gene *H-ras* (g.6631 del A, g.6631 A>C) e a mutação do gene *N-ras* (g.7987 del A). Além disso, não se verificaram diferenças significativas entre os dois grupos de doentes com cancro da bexiga com mutações compostas na família dos genes *ras*.

Tabela 4.2: Mutações *H-ras*, *N-ras* e *K-ras* detectadas em doentes com carcinoma da bexiga

***H-ras* / Mutação**	**N.º de acesso NG_007666.1 De 6599 a 6792**			**Mutação NCBI estatuto**	**N.º de doentes**
ATT para -TT	g.6631 del A	Framshift	Chang toda a cadeia de aminoácidos	Novo recorde LC085294-LC085317	3 (7.50%)
ATT para CTT	g.6631 A>C	Substituição	Isoleucina para Ile	Novo recorde LC085294-LC085317	3 (7.5%)
Qui-quadrado Rácio de probabilidade	-	-	-	-	0,00 NS 0.00
N-ras/ Mutação	**N.º de acesso NG_007572.1 De 7947 a 8049**				

AAC para CA-	g.7987 del A	Mudança de moldura	Chang toda a cadeia de aminoácidos	Novo recorde* LC094395-LC094418	6 (15.0%)
***K-ras* / Mutação**	**N.º de acesso NG_007524.1 De 28487 a 28647**				
GAA para -AA	g.28542 del G	Mudança de moldura	Chang toda a cadeia de aminoácidos	Novo recorde LC090171-LC090194	15 (37.50%)
GAA para GCA	g.28543 A>C	Substituição	Ácido glutâmico para alanina	Novo recorde LC090171-LC090194	15 (37.50%)
GAA para CAG	g.28544 A>C	Substituição	Ácido glutâmico em ácido aspártico	Novo recorde ** LC090171-LC090194	9 (22.50%)
ATT para TGT	g.28532-33 AT>TG	Substituição	Isoleucina para cistina	Novo recorde LC090171-LC090194	9 (22.50%)
Chisquare	-	-	-	-	**6.319*** **
As mutações foram registadas no NCBI *g.7987 rs 121913255 A/T ** g.28544 rs 730880470 A/T					

*** (P<0,01), NS: Não significativo.

De acordo com os registos do NCBI, estas mutações foram registadas pela primeira vez nestes locais e dois registos mundiais (g.7987, rs 121913255, A/T e g.28544, rs 730880470, A/T) foram registados no *N-ras* g.7987 del A e no *K-ras* g.28544 A>C, mas com alterações de mutação diferentes.

Tabela 4.3: Mutações compostas em doentes com cancro da bexiga

N.º de doentes / percentagem	**Gene**	**Tipo selvagem**	**Tipo de mutante**	**Sítio**
(3) (7.50 %)	*H-ras*	ATT	-TT	g.6631del A
	N-ras	AAC	CA-	g.7987 del A
	K-ras	GAA GAA	-AA GCA	g.28542 del G g.28543 A> C
(3) (7.50 %)	*H-ras*	ATT	CTT	g.6631A> C
	N-ras	AAC	CA-	g.7987 del A

	K-ras	ATT ATT GAA GAA GAA GAA	TTT AGT -AA GCA GAC	g.28532 A>T g,28533 T >G g.28542 del G g.28543 A>C g.28544 A>C
Qui-quadrado = 0,00 NS Rácio de probabilidade = 0,00	--	--	---	---

NS: Não significativo.

```
Query 4     GTC-TTGATGGGGAGACGTGCCTGTTGGACATCCTGGATACCGCCGGCCAGGAGGAGTAC 62
            ||| ||||||||||||||||||||||||||||||||||||||||||||||||||||||||
Sbjct 6628  GTCATTGATGGGGAGACGTGCCTGTTGGACATCCTGGATACCGCCGGCCAGGAGGAGTAC 6687
```

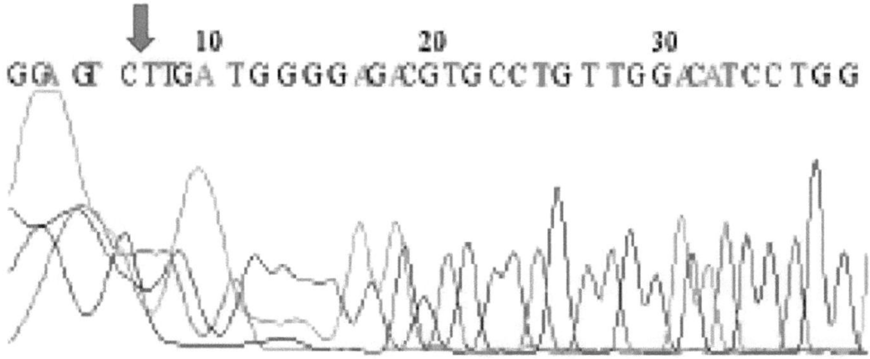

Figura 4.12 Sítio g.6631del A, sequência de nucleótidos (forward) no códão 61 *do H-ras*

```
Query 5     GTCCTTGATGGGGAGACGTGCCTGTTGGACATCCTGGATACCGCCGGCCAGGAGGAGTAC 64
            ||| ||||||||||||||||||||||||||||||||||||||||||||||||||||||||
Sbjct 6628  GTCATTGATGGGGAGACGTGCCTGTTGGACATCCTGGATACCGCCGGCCAGGAGGAGTAC 6687
```

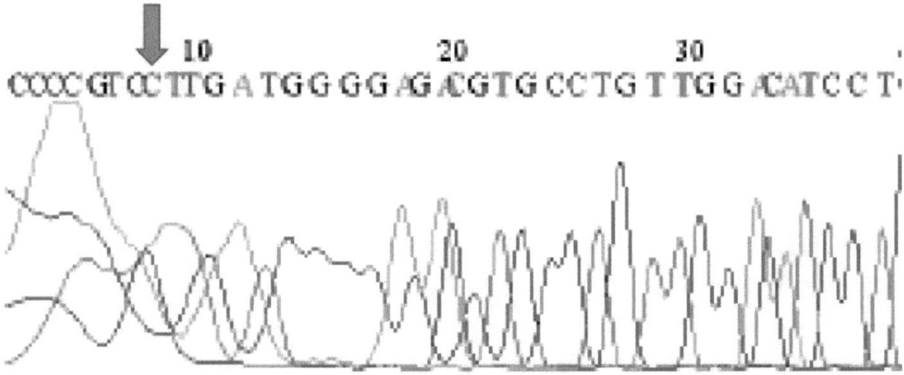

Figura 4.13 Sítio g.6631A> C, sequência de nucleótidos (forward) no códão 61 *do H-ras*

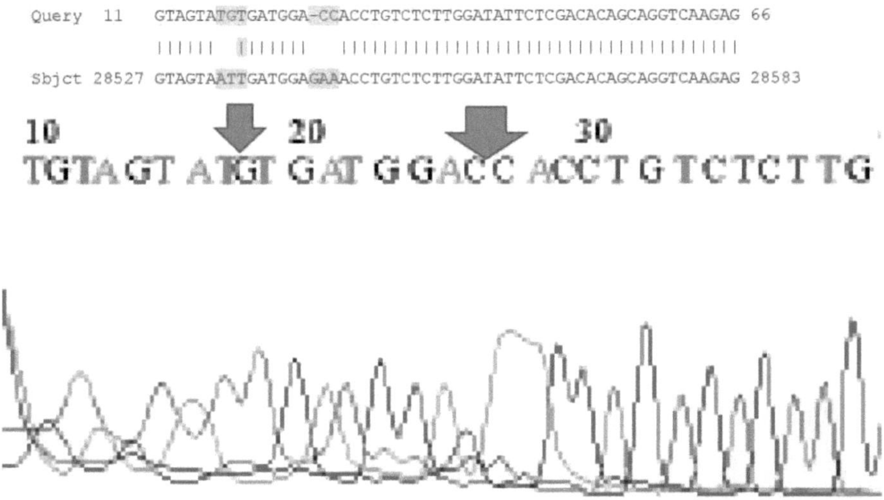

Figura 4.14 Locais g.28532 A>T, g,28533 T >G, g.28542 del G, g.28543 A>C e g.28544 A>C, sequência de nucleótidos (forward) no códão 61 *do K-ras*

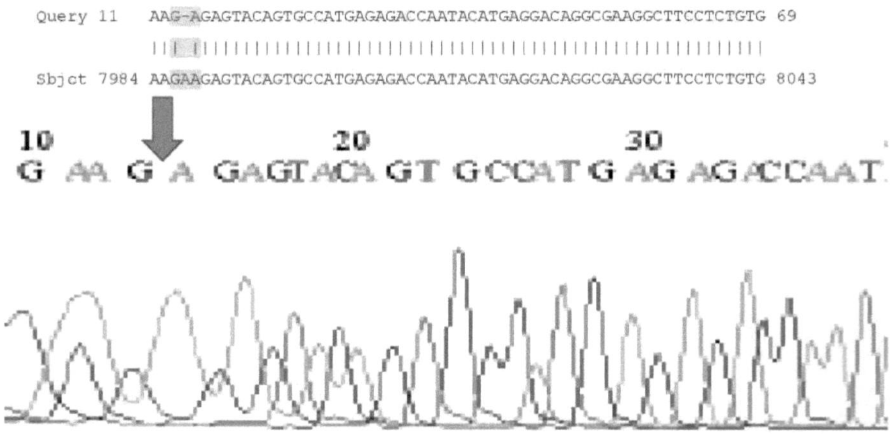

Figura 4.15 Sítio g.7987 del A, sequência de nucleótidos (forward) no códão 61 *do N-ras*

As mutações nos genes *Ras* foram identificadas numa variedade de tumores e são capazes de contribuir para a transformação e progressão neoplásica das células uroteliais (Hayes e Der, 2012). A sobreexpressão de genes *ras* normais e mutados em linhas celulares de tumores da bexiga induz a invasão tumoral (Ian *et al.*, 2012). Estima-se que uma proporção significativa dos tumores da bexiga tenha um gene *ras* mutado (Karimianpour *et al.*, 2008). A mutação *H-ras* foi detectada pela primeira vez na linha celular de carcinoma da bexiga humana T24 (Jebar *et al.*, 2005). Embora *o H-ras* tenha sido identificado pela primeira vez como um oncogene em linhas celulares de cancro da bexiga, a relação precisa entre a mutação *do H-ras* e o cancro da bexiga continua por esclarecer. A frequência das mutações *do H-ras* varia entre 0 % e 84 % (Arshad *et al.*, 2010). Curiosamente, todos os genes *ras* activados em tumores uroteliais humanos são genes *H-ras* (Arshad *et al.*, 2010). Estudos subsequentes demonstraram que as mutações *H-ras* eram mais frequentemente observadas em tumores do trato urinário do que os genes *K-ras* ou *N-ras* (Rabbani e CordonCardo, 2000). Outro estudo revelou que as mutações *ras* mais frequentes eram *K-ras* G12D e *H-ras* Q61R. As mutações *K-ras* e *H-ras* ocorreram com igual frequência, enquanto as mutações *N-ras* não foram frequentes no cancro da bexiga (Lucie *et al.*, 2010). O presente estudo, por outro lado, mostrou resultados diferentes: as mutações *do gene K-ras* foram mais frequentes do que as dos genes *H-ras* e *N-ras*, e a percentagem de mutações para cada gene foi de 62,5 %, 25,0 % e 12,5 %, respetivamente.

As mutações nos oncogenes *ras* (*H-ras, K-ras e N-ras*) foram encontradas em 13 % dos tumores da bexiga e ocorreram em todos os estádios e graus (Platt *et al.*, 2009). Outro estudo indicou que as mutações somáticas nos genes *H-ras*, *K-ras* e *N-ras* no cancro da bexiga afectam os códons 12, 13 e 61. A fim de facilitar a deteção de mutações *RAS*, foi desenvolvido um ensaio multiplex de mutações *RAS-BC* que detecta 19 mutações em simultâneo, representando 96 % de todas as possíveis mutações conhecidas nos 3 genes *RAS* no cancro da bexiga (Lucie *et al.*, 2010). Outro estudo sobre 98 tumores da bexiga e 31 linhas celulares da bexiga mostrou que a mutação *ras* foi detectada em 13 % de ambos os tipos de amostras (Jebar *et al.*, 2005). No total, foram detectadas 10 mutações no *gene H-ras*, 4 no *gene K-ras* e 4 no *gene N-ras*, mas os resultados do presente estudo foram diferentes de todos os estudos anteriormente mencionados. Havia 2 mutações nos genes *H-ras,* 1 nos genes *N-ras* e 5 nos genes *K-ras* e estas mutações foram detectadas em 15 doentes, o que representa 37,5 % do número total de doentes incluídos no estudo.

Um estudo anterior mostrou que as mutações no gene *H-ras* ocorreram em 18 (50 %) doentes com mutações g.6617G >C e g.6717C> T, 13 (36,1 %) doentes com mutações g.6617G >C e g.6672C >G e 5 (13,9 %) doentes apresentavam três mutações g.6617G >C; g.6672C >G e g.6717C >T (Karimianpour *et al.*, 2008). Entre essas quatro mutações, duas eram transversões g.6617G >C e g.6672C >G e duas eram transições g.6717C >T e g.6262G >A (Kraidi, 2015). Outro estudo de Arshad *et al.* (2010), diferente do presente estudo, indicou que 5 (71,4 %) mutações afectaram o códão 61. Entre as quarenta e oito amostras que apresentavam mutações, havia três Q61R (CAG >CGG) e duas Q61L (CAG >CTG). A maioria das mutações *do H-ras* era semelhante às transições de pares de bases, ocorrendo predominantemente nas segundas bases dos códons 61 (A^G), enquanto este estudo mostrou que as mutações *do H-ras* eram g.6631 del A, g.6631 A>C, cada tipo delas era frequente em 3 (7,5%) pacientes do número total de pacientes. A discrepância na incidência relatada de mutações no oncogene *ras* pode dever-se a muitos factores diferentes, incluindo a especificidade étnica, a exposição ambiental, a exposição no local de trabalho, a variabilidade na proporção de células uroteliais malignas em relação às células estromais e normais na amostra de tecido ou ao grau de heterogeneidade dentro da população de células tumorais, bem como a

tipo de metodologia utilizada para detetar este tipo de mutação (Sasho *et al.*, 2004). Para além disso, os contaminantes, radiações e poluentes, acumulados a partir das guerras no Iraque e disseminados no ar, alimentos e água podem ter um papel importante no aparecimento de novas mutações na família de genes *ras* nos doentes representados neste estudo.

4.3 A associação entre o tabagismo e as mutações *ras*

Neste estudo, os resultados mostraram que uma elevada percentagem do número de doentes com mutações era constituída por fumadores de diferentes idades. Do total de 40 doentes com mutações no gene *ras,* 15 (37,50%) eram fumadores. Este número foi dividido em nove (60,0 %) doentes fumadores e seis (40,0 %) não fumadores (**Tabela 4.1**). Os resultados actuais revelaram que 100 % dos doentes apresentavam mutações nos genes *H-ras* (3\3) e *N-ras* (6\6) e 66,6 % (9\15) mutações *no gene K-ras* e eram todos fumadores (**Tabela 4.4**). Consequentemente, o tabagismo pode ter uma forte relação com a ocorrência de mutações nos genes *H-ras* e *N-ras* e pode ser a principal causa destas mutações, porque todos os doentes detectados com mutações nos genes *H-ras* e *N-ras* eram fumadores, enquanto a mutação no gene *K-ras* foi frequente entre fumadores e não fumadores de forma diferente.

Tabela (4.4): Associação entre mutações *ras* e doentes fumadores

Mutações *H-ras*	**Sítio**	**N.º de doentes**	**N.º de fumadores %**
ATT para -TT	g.6631 del A	3 (7.50%)	3 (100%)
ATT para CTT	g.6631 A>C	3 (7.5%)	3 (100%)
Mutação *N-ras*	**Sítio**	**N.º de doentes**	**N.º de fumadores %**
CAA para CA-	g.7987 del A	6 (15.0%)	6 (100%)
Mutações *K-ras*	**Sítio**	**N.º de doentes**	**N.º de fumadores %**
GAA para -AA	g.28542 del G	15 (37.50%)	9 (60.0%)
GAA para GCA	g.28543 A>C	15 (37.50%)	9 (60.0%)
GAA para GAC	g.28544 A>C	9 (22.50%)	6 (66.6%)
ATT para TGT	g.28532-33 AT>TG	9 (22.50%)	6 (66.6%)

Muitos estudos anteriores sugeriram uma associação entre o consumo de cigarros e diferentes tipos de cancro, como o cancro do cólon ou adenoma (Kune *et al.*, 1992; Slattery *et al.*, 1997), o cancro do pulmão (Doll *et al.*, 1994; Carbone, 1992) e o cancro da bexiga (Spruck *et al.*, 1993). Verificou-se que o tabagismo forma muitos compostos cancerígenos que atingem vários tecidos direta ou indiretamente. Sabe-se que os carcinogéneos provocam alterações genéticas em vários genes supressores de tumores e oncogenes que resultam na formação de cancro. Entre estes genes, são referidos os genes da família *ras*, que sofrem frequentemente mutações no cancro humano, incluindo os cancros do cólon, do estômago, do pulmão, da cabeça e do pescoço, da bexiga e vários outros tipos de cancro. Os carcinogéneos do tabaco aumentaram a frequência e alteraram o espetro das mutações dos genes que foram observadas no cancro da bexiga e no cancro do pulmão, não só em fumadores, mas também em não fumadores expostos ao fumo ambiental do tabaco (Suzuki *et al.*, 1992);
Spruck *et al.*, 1993). O tabagismo é o fator de risco mais bem estabelecido para o cancro da bexiga em ambos os sexos (Garrett *et al.*, 2011; Hartge *et al.*, 1990; Hoffmann *et al.*, 2001). Os riscos atribuíveis à população para o tabagismo foram de aproximadamente 50 % em ambos os sexos (Puente *et al.*, 2006). Estima-se que o tabagismo seja a causa de 65% dos cancros em geral e que os fumadores tenham um risco de cancro da laringe 10 vezes superior ao dos não fumadores (Cogliano *et al.*, 2011; Neal *et al.*, 2011; Br, 2011). O risco aumenta à medida que a frequência e a duração do tabagismo aumentam (Negri e Vecchia, 2001; Semenza *et al.*, 2001). A duração do consumo de cigarros é o principal fator determinante do risco de desenvolvimento do cancro da bexiga, independentemente das diferenças na invasividade ou morfologia do tumor (Zeegers *et al.*, 2002). Foi observada uma relação dose-resposta entre o número de cigarros fumados por dia e o cancro da bexiga. Foi também evidente uma diminuição imediata e significativa do risco de cancro da bexiga nas pessoas que deixaram de fumar (Pelucchi *et al.*, 2002). O consumo de cigarros é o fator de risco predominante para o cancro da bexiga, estimando-se que seja responsável por 50% dos casos nos homens e 30% dos casos nas mulheres (Zeegers *et al.*, 2000) e que seja uma fonte rica em espécies reactivas de oxigénio que podem induzir uma variedade de danos no ADN (Christmann *et al.*, 2003; Mao *et al.*, 2008). Os componentes do tabaco, como o 4-aminobifenilo (4-ABP), aumentam o risco de cancro da bexiga ao induzir mutações somáticas locais (Feng *et al.*, 2002). O fumo do cigarro gera uma quantidade substancial de 4-ABP e a ativação metabólica do 4-ABP liga-se preferencialmente aos códons 280 e 285 do gene *p53*. Foi relatado que as mutações espectrais *do p53* e *do FGFR3*, que foram os genes mutados mais frequentes no cancro da bexiga, parecem depender da intensidade do tabaco (Ouerhani *et al.*, 2009).

Conclusão e recomendações

Conclusão:

Com base nos resultados do presente estudo, conclui-se que:

1. A incidência do carcinoma da bexiga aumenta com a idade.
2. O número de doentes com mutação *ras* para o códão 61 foi de 15 (37,5 %).
3. As mutações *K-ras* foram as mutações mais frequentes nos doentes
4. Os doentes fumadores representam a percentagem mais elevada (65,0 %) de todos os doentes.
5. Todas as mutações foram novas e registadas pela primeira vez de acordo com o NCBI.

Recomendações

Recomendámos o seguinte:

1. Incentivar outros estudos a testar uma população de doentes iraquianos em grande escala.
2. É necessária uma investigação aprofundada para avaliar o papel dos diferentes codões (12, 13 e 61) na ocorrência e no desenvolvimento do cancro da bexiga, incluindo a expressão genética e o nível de P21.
3. Recomenda-se a estimativa do nível de marcadores tumorais no cancro da bexiga.

Referências

(A)

Aaltonen, V.; Bostrom, P.J. e Soderstrom, K.O. (1999). A carcinogénese de células de transição da bexiga urinária está associada à regulação negativa do gene supressor de tumores *NF1* in vivo e in vitro. Am. Journal Pathol. 154: 755.

Abdul Muhsin, A.S. (2008). Cancro da bexiga associado ao Schistosoma na revisão patológica do centro único do Iraque. O Jornal Médico de Pós-graduação do Iraque. 7 (2): 174-177.

Adrienne, D.C. e Channing, J.D. (2010). História de *Ras*. Small Gtpases. 1 (1): 2-27

Agazie, Y.M.; Movilla, N.; Ischenko, I. e Hayman, M.J. (2003). A fosfotirosina fosfatase *SHP2* é um mediador crítico da transformação induzida pelo oncogene oncogénico do recetor 3 do fator de crescimento dos fibroblastos. 22: 6909-6918.

Ahmed, S.; Abdulamir, R.R.; Hafidh, H.S.; Gholamreza, P.; Abedi, A.; Ahmadi, A. *et al.* (2008). Mutações da família do gene *ras* em amostras de cancro da bexiga. Urol. Journal. 5: 237-42.

Alberg, A.; Anthony K.; Jeanine G.; Gallicchio, L.; Burke, A.; Hoffman, S.; Diener-west, M. *et al.* (2007). American Journal of epidemiology. 165: 660-666.

Al-Foudi, A. e Parkin, D.M. (2006). Sete anos de dados do registo de tumores de Bagdade. Int. J. Cancer. 34 (2): 10-22.

Al-Sukhun, S. e Hussain, M. (2003). Molecular biology of transitional cell carcinoma. Crit. Rev. Oncol. Hematol. 47: 181-193.

Altimari, A.Y. (2011). Carcinoma da bexiga urinária diferenças de idade. Basrah J. of Surgery. pp: 104-108.

Amado, R.G.; Wolf, M.; Peeters, M. *et al.* (2008). O tipo selvagem *K-ras* é necessário para a eficácia do panitumumab em doentes com cancro colorrectal metastático. J. Clin. Oncol. 26 (10): 1626-34.

Sociedade Americana do Cancro. (2015). Factos e números sobre o cancro. Atlanta, Geórgia.

Anthony, J.; Kouzis, A.A.; Jeanine, M.; Gallicchio, L.G.; Alyce, E.; Burke, S.C. *et al.* (2007). A prospective cohort study of bladder cancer risk in relation to active cigarette smoking and household exposure to secondhand cigarette smoke. (Título do jornal). 165 (6): 660-666.

Arshad, A.; Pandith, P.; Zafar, A. *et al.* (2010). As mutações germinativas *FGFR3* identificadas na displasia esquelética em repetições tetranucleotídicas selecionadas não se correlacionam com a clínica. Caraterísticas patológicas do cancro da bexiga. Eur. Urol. 50: 770-775.

Aveyard, J.S.; Skilleter, A. e Habuchi, T. (1999). Mutação somática do *PTEN* no carcinoma da bexiga. Br. J. Cancer. 80: 904-8.

(B)

Babain, R.J.; Johnson, D.E.; Liamas, L. *et al.* (1980). Metástases do carcinoma de células transicionais da bexiga urinária. Urology. Journal. 16-42.

Babjuk, M. (2009). A procura da etiologia do cancro da bexiga: Are Achievement Sufficient. European Urology. 56: 771-774.

Babjuk, M.; Oosterlinck, W.; Sylvester, R. *et al.* (2008). Diretrizes da EAU sobre o carcinoma urotelial não-músculo invasivo da bexiga. Eur. Urol. 54 (2): 303-14. [PUBMED Abstract].

Babjuk, M.; Oosterlinck, W.; Sylvester, R. *et al.* (2011). Diretrizes da EAU sobre o carcinoma urotelial não-músculo invasivo da bexiga, a atualização de 2011. Eur. Urol. 59 (6): 997-1008. [PUBMED Abstract].

Babjuk, M.; Oosterlinck, W.; Sylvester, R.; Kaasinen, E.; Bohle, A. *et al.* (2008). Diretrizes da EAU sobre o carcinoma urotelial não músculo-invasivo da bexiga. Eur.

Urol., 54: 303-314.
Baffa, R.; Gomella, L.G. e Vecchione, A. (2000). Perda de expressão *de FHIT* em TCC da bexiga urinária. Am. Journal Pathol. 156: 419.
Bakkar, A.A.; Wallerand, H.; Radvanyi, F.; Lahaye, J.B.; Pissard, S. *et al.* (2003). As mutações dos genes *FGFR3* e *TP53* definem duas vias distintas no carcinoma de células uroteliais da bexiga. Cancer Res. 63: 8108-8112.
Band, P.R.; MacArthur, A.C.; Fang, R. e Gallagher, R.P. (2005). Identificação dos riscos de cancro profissional na Colúmbia Britânica: Um estudo de controlo de casos baseado na população de 1129 casos de cancro da bexiga. J. Occup. Environ. PubMed. 47: 854-8.
Barbacid, M. (1990). *Ras* oncogenes: o seu papel nas neoplasias. Eur. J. Clin. Invest. 20: 225-235.
Basma, H.; Kobeissi, L.; Jabbour, M.; Moussa, M. e Dhaini, H. (2013). Genótipos *CYP2E1* e *NQO1* e risco de cancro da bexiga numa população libanesa. Int. J. Mol. Epidemiol. Genet. 4 (4): 207-217.
Begum, G.; Dunn, J.A.; Bryan, R.T.; Bathers, S. e Wallace, D.M. (2004). Privação socioeconómica e sobrevivência no cancro da bexiga. BJU. Int. 94: 539-543.
Berger, A.; Parson, W.; Stenzl, A.; Steiner, H.; Bartsch, G. e Klocker, H. (2002). Microsatellite alterations in human bladder cancer: detection of tumor cells in urine sediment and tumor tissue. Eur. Urol. 41: 532-539.
Beukers, W.; Hercegovac, A. e Zwarthoff, E.C. (2014). Mutações *H-ras* no cancro da bexiga em idade precoce e a possível associação com a Síndrome de Costello. Euro. J. Human Genet. 22: 837-839.
Billerey, C.; Chopin, D.; Aubriot-Lorton, M.H.; Ricol, D.; Gil Diez de Medina, S. *et al.* (2001). Mutações frequentes *do FGFR3* em tumores papilares não invasivos da bexiga (pTa). Am. J. Pathol. 158: 1955-1959.
Birkhahn, M.; Mitra, A.P.; Williams, A.J.; Lam, G. *et al.* (2010). Previsão da recorrência e progressão do cancro da bexiga papilar não invasivo na apresentação inicial com base em perfis quantitativos de expressão genética. Eur. Urol. 57: 12-20.
Boman, H.; Hedelin, H. e Holmang, S. (2002). Quatro marcadores de tumores da bexiga têm uma sensibilidade decepcionantemente baixa para tamanho pequeno e recorrência de baixo grau. J. Urol. 167: 80-83.
Bommer, U.A. e Perrow, K.L. (2014). Biologia do cancro: Base molecular e genética. Comité de Educação em Oncologia do Cancer Council Australia. 23: 46 (33): 1-15.
Bos, J.L. (1988). A família do gene *ras* e a carcinogénese mutante humana. Res. 195: 255-271.
Bos, J.L. (1989). *Ras* oncogenes in human cancer. Cancer Res. 49: 4682-9.
Botteman, M.F.; Pashos, C.L. e Redaelli, A. (2013). A economia da saúde do cancro da bexiga: Uma revisão exaustiva da literatura publicada. Pharmacoeconomics. 21: 1315-3130.
Botteman, M.F.; Pashos, C.L.; Redaelli, A.; Laskin, B.; Hauser, R. (2003). The health economics of bladder cancer: a comprehensive review of the published literature. Pharmacoeconomics. 21: 1315-1330.
Boulalas, I. *et al.* (2009). Ativação dos genes da família *ras* no carcinoma urotelial. J Urol. 181 (5): 2312-9.
Bourne, H.R.; Sanders, D.A. e McCormick, F. (1991). A superfamília GTPase: Estrutura conservada e mecanismo molecular. Nature. 349: 117-127.
Br, J. (2011). Cancer. 2: 77-81 .
Brandau, S. e Bohle, A. (2001). Cancro da bexiga. I. Base molecular e genética da carcinogénese. Eur. Urol. 39: 491-7. [PubMed].
Brennan, P.; Bogillot, O.; Greiser, E.; Chang-Claude, J.; Wahrendorf, J.; Cordier, S. *et al.* (2001). The contribution of cigarette smoking to bladder cancer in women

(pooled European data) Cancer Causes Control. 12: 411-417. [PubMed].
Buhrman, G.; Wink, G. e Mattos, C. (2007). Eficiência de transformação de mutantes *ras Q61* ligada a caraterísticas estruturais das regiões de comutação na presença de *Raf.* Structure. 15 (12): 1618-29. [PubMed].
Burger, M.; Burger, S.; Denzinger, S.; Wild, P.; Wieland, W. e Blaszyk, H. (2006). A instabilidade elevada de microssatélites em repetições de tetranucleótidos selecionadas não se correlaciona com as caraterísticas clínico-patológicas do cancro da bexiga. Eur. Urol. 50: 770-775.
Burger, M.; van der, M.N.; Van Oers, J.M. *et al.* (2008). Previsão da progressão do cancro da bexiga não músculo-invasivo pela classificação da OMS de 1973 e 2004 e pelo estado de mutação *do FGFR3*. Eur. Urol. 54: 835843.
Buyra, N.; Tigli, H.; Ozcan, F. e Nejat Dalay, N. (2003). Mutações do oncogene *Ras* em sedimentos de urina de pacientes com cancro da bexiga. J. Biochem. Mol. Biol. 36 (4): 399-402.
(C)
Cacev, T.; Radosevic, S.; Spaventi, R.; Pavelic, K. e Kapitanovic, S. (2005). Perda de heterozigotia e análise da expressão do gene *NF1* no cancro do cólon esporádico. Gut. 54 (8): 1129-35.
Carbone, D. (1992). Smoking and cancer. Am J Med. 93: 1A-13S-17S.
Carel, R.; Levitas-Langman, A.; Kordysh, E.; Goldsmith, J. e Friger, M. (1999). Case-referent study on occupational risk factors for bladder cancer in southern Israel. Int. Arch. Occup. Environ. Health. 72: 304-8. [PubMed].
Chang, Y.M.; Tai, C.F.; Yang, S.C.; Lin, R.S.; Sung, F.C.; Shih, T.S. *et al.* (2005). Incidência de cancro entre trabalhadores potencialmente expostos a solventes clorados numa fábrica de eletrónica. J. Occup. Health. 47: 171-80.
Choi, C.; Kim, M.H. e Juhng, S.W. (2000). Perda de heterozigotia nos segmentos cromossómicos 8p22 e 8p11.2-21.1 no TCC da bexiga urinária. Int. J. Cancer. 86: 501.
Christmann, M.; Tomicic, M.; Roos, W. e Kaina, B. (2003). Mecanismos de reparação do ADN humano: uma atualização. Toxicology. 193: 3-34.
Cogliano, V.; Baan, R.; Straif, K. *et al.* (2011). Exposições evitáveis associadas a cancros humanos. J. Natl. Cancer Inst. 103 (24): 182739 .
Cohen, S.M. e Johansson, S.L. (1997). Epidemiologia e etiologia do cancro da bexiga. Urol. Clin. North Am. 3-14.
Colombel, M.; Soloway, M.; Akaza, H.; Bohle, A.; Palou, J.; Buckley, R. *et al.* (2008). Epidemiologia, estadiamento, classificação e estratificação do risco do cancro da bexiga. Suplementos de Urologia Europeia. 7: pp 618-626.
Colt, J.S.; Baris, D.; Stewart, P.; Schned, A.R.; Heaney, J.A.; Mott, L.A. *et al.* (2004). Ocupação e risco de cancro da bexiga num estudo de caso-controlo de base populacional em New Hampshire. Cancer Causes Control. 15: 759-69. [PubMed].
Cotran, B.S.; Kumr, V. e Collins, T. (1999). Robbins Pathologic basis of diseases. O trato urinário inferior. 6th ed. WB Saunders Company. 22: 1000-1008.
(D)
Dancika, G.; Owensa, C.; Iczkowskic, K. e Theodorescu, D. (2013). Uma assinatura de gene de célula de origem indica que o câncer de bexiga humano tem progenitores celulares distintos. Células estaminais. 1612 -1625.
Dancika, G.; Owensa, C.; Iczkowskic, K. e Theodorescu, D. (2014). Uma assinatura de gene de célula de origem indica que o câncer de bexiga humano tem progenitores celulares distintos. Células estaminais. 32 (4): 974-982.
Davies, H.; Bignell, G.R.; Cox, C. *et al.* (2002). Mutações do gene *BRAF* no cancro humano. Nature. 417 (6892): 949-54.
Davies, P.D. (1985). A epidemiologia do cancro da bexiga, grande revisão. Islamic World Med. J. 1: 40-43.

Der, C.J.; Finkel, T. e Cooper, G.M. (1986). Propriedades biológicas e bioquímicas do gene *H-ras* humano com mutação no códon 61. Cell. 44 (1): 167-76. [PubMed].
Derek, R. (2003). Molecular targeting and pharmacogenomics in the management of advanced bladder cancer. 97 (8): 2083-2089.
Dhomen, N. e Marais, R. (2007). Nova visão sobre as mutações *BRAF* no cancro. Curr. Opin. Genet. Dev. 17 (1): 31-9.
Di Martino, E.; L'Hote, C.G.; Kennedy, W.; Tomlinson, D.C. e Knowles, M.A. (2009). O recetor 3 do fator de crescimento de fibroblastos mutante induz a sinalização intracelular e a transformação celular de uma forma específica do tipo de célula e da mutação. Oncogene. 28: 4306-4316.
Doll, R.; Peto, R.; Wheatley, K.; Gray, R. e Sutherland, I. (1994). Mortality in relation to smoking: 40 years' observations on male British doctors. Br Med J. 309: 901-11.
Drent, D. (2008). Síndrome de dor na bexiga cistite intersticial. Educação Médica Contínua. 35 (1): 47-51.
Dryson, E.; Mannetje, A.; Walls, C.; McLean, D.; McKenzie, F.; Maule, M. *et al.* (2008). Estudo de caso-controlo de profissões de alto risco para o cancro da bexiga na Nova Zelândia. Int. J. Cancer. 122: 1340-6. [PubMed].
Dryson, E.; Walls, C.; McLean, D. e Pearce, N. (2005). Cancro da bexiga de origem profissional na Nova Zelândia. Uma análise de 1 ano dos casos notificados ao New Zealand Cancer Registry. Intern. Med. J. 35: 3437. [PubMed].
(E)
Edward, M. e Messing, M.D. (1995). Tumores uroteliais da bexiga. Campbell Urology Lynch Cohen. 3: 2407-2446.
El Marjou, A.; Annie, D.; Jean, P. T. e Franciois, R. (2000). Involvement of epidermal growth fator recetor in chemically induced mouse bladder tumor progression. UMR 144, CNRS, Institut Curie, 26 rue d'Ulm, 75248 Paris Cedex 05, França. Carcinogénese. 21 (12): 2211-2218.
Eliahu Laor, M.D.; Zvi Schiffman, M.D.; Roberto, E.; Reid , M.D.; Bhupendra, M.; Tolia, M.D. *et al.* (2005). Variações dependentes do sexo na história natural do carcinoma de células de transição da bexiga. Urology. 23 (3): 237-239.
Erol, B.; Ulus, I.; Danacioglu, Y.O. e £a$kurlu, T. (2015). Cancro da bexiga e polimorfismos genéticos. Urol. 3 (1): 20-25.
(F)
Felix, A.; Soliman, A.S.; Khaled, H.; Zaghloul, M.; Banerjee, M. e El-Baradie, M. (2008). A evolução dos padrões de cancro da bexiga no Egito ao longo dos últimos 26 anos. Cancer Causes Control. 19 (4): 421429.
Feng, Z.; Hu, W.; Rom, W. et al. (2002). O 4-aminobifenilo é um dos principais agentes etiológicos do cancro da bexiga humano, evidenciado pelo seu espetro de ligação ao ADN no gene *humanp53*. Carcinogénese. 23: 1721-1727 .
Ferlay, J.; Bray, F.; Pisani, P.; Parkin, D.M. e Globocan. (2000). Cancer incidence, mortality and prevalence worldwide, Version1.0. Cancer base, 5 Lyon, International Agency for Research on Cancer (IARC) Press.
Freedman, N.; Silverman, D. e Hollenbeck, A. (2011). Associação entre tabagismo e risco de cancro da bexiga em homens e mulheres. JAMA. 306 (7): 737-745.
(G)
Gago-Dominguez, M.; Castelao, J.E.; Yuan, J.M.; Yu, M.C. e Ross, R.K. (2001). Utilização de tintas de cabelo permanentes e risco de cancro da bexiga.
East Lake Avenue. Los Angeles. EUA. Int. J. Cancer. 91 (4): 575-9. [PMID].
Gapon, D.J.; Chen, E.Y.; Levinson, A.D.; Seeburg, P.H. e Goeddel, D.V. (1983). Sequências nucleotídicas completas do oncogene do carcinoma da bexiga humana *T24* e do seu homólogo normal. Nature. 302: 33-7.

Garrett, B.; Dube, S.; Trosclair, A. *et al.* (2011). Centros de controlo e prevenção de doenças. M.M.W.R. Surveill Summ. 60: 109-113.
Gibas, C. e Gibas, L. (1997). Cytogenetics of bladder. Cancer Genet. Cytogenet. 90-99.
Golka, K.; Bandel, T.; Schlaefke, S.; Reich, S.E.; Reckwitz, T.; Urfer, W.; *et al.* (1998). Cancro urotelial da bexiga numa área de antigas indústrias de carvão, ferro e aço na Alemanha: Um estudo de caso-controlo. Int. J. Occup. Environ. Health. 4: 79-84. [PubMed].
Gonzalgo, M.L.; Rodriguez, R. e Schoenberg, M.P. (2000). Biological pathways to bladder carcinogenesis (Vias biológicas para a carcinogénese da bexiga). Semin. Urol. Oncol. 18: 256-263.
Goodsell, D.S. (1999). A perspetiva molecular: O oncogene *ras*. Oncologist. 4 (3): 263-264.
Gouda, I.; Mokhtar, N.; Bilal, D. *et al.* (2007). Bilharzíase e cancro da bexiga: Uma análise da tendência temporal de 981'43 pacientes. J. Egypt Natl. Canc. Inst. 19 (2): 158-162.
Gromova, I.; Gromov, P. e Celis, J.E. (2002). A novel human bladder cancer-associated protein with a conserved genomic structure down regulated in invasive cancer. Int. J. Cancer. 98: 539.
Grossman, H.B. e Konnak, J.W. (1988). A indicação de cistectomia radical em doentes com carcinoma da bexiga com metástases linfáticas regionais. Urology. 31: 214.
Grossman, H.B.; Soloway, M.; Messing, E.; Katz, G.; Stein, B.; Kassabian, V. *et al.* (2006). Surveillance for recurrent bladder cancer using a point of care proteomic assay. JAMA. 295 (3): 299-305.
(H)
Hafner, C.; Lopez-Knowles, E.; Luis, N.M.; Toll, A.; Baselga, E. *et al.* (2007). As mutações oncogénicas *PIK3CA* ocorrem em nevos epidérmicos e queratose seborreica com um padrão de mutação caraterístico. Proc. Natl. Acad. Sci. USA. 104: 13450-13454.
Hafner, C.; Stoehr, R.; van Oers, J.M.; Zwarthoff, E.C.; Hofstaedter, F. *et al.* (2009). As mutações *FGFR3* e *PIK3CA* estão envolvidas na patogénese molecular do lentigo solar. Br. J. Dermatol. 160: 546-551.
Haigis, K.M.; Kendall, K.R.; Wang, Y.; Cheung, A.; Haigis, M.C.; Glickman, J.N. *et al.* (2008). Differential effects of oncogenic *K-ras* and *N-ras* on proliferation, differentiation and tumor progression in the colon. Nat. Genet., 40 (5): 600-8. [PubMed].
Hart, K.C.; Robertson, S.C. e Donoghue, D.J. (2001). Identificação de resíduos de tirosina no recetor 3 do fator de crescimento de fibroblastos ativado constitutivamente e envolvido na mitogénese, ativação de Stat e ativação da fosfatidilinositol 3-quinase. Mol. Biol. Cell. 12: 931-942.
Hartge, P.; Harvey, E.; Linehan, W. et al. (1990). Unexplained excess risk of bladder cancer in men (Excesso de risco inexplicável de cancro da bexiga nos homens). J. Natl. Cancer Inst. 82 (20): 16361640.
Hattori, S.; Kojima, K.; Minoshima, K.; Yamaha, M.; Horie, M.; Sawamura, T. et al. (2014). Deteção de câncer de bexiga medindo a expressão de CD44v6 na urina com reação em cadeia da polimerase de transcrição reversa quantitativa em tempo real. Urology. 83 (6): 1443. 9-15.
Hayes T.K. e Der, C.J. (2012). *Ras* mutante e do tipo selvagem: Coconspiradores no cancro. Discov. 3 (1): 24-6.
Henis, Y.I.; Hancock, J.F. e Prior, I.A. (2009). *Ras* acilação, compartimentalização e nanoclusters de sinalização. Mol. Membr. Biol. 26 (1): 80-92. [PubMed].

Hernandez, S.; Lopez-Knowles, E.; Lloreta, J. *et al.* (2006). Estudo prospetivo de mutações *FGFR3* como fator de prognóstico em carcinomas uroteliais não-músculo invasivos da bexiga. J. Clin. Oncol. 24: 3664-3671.

Hoffmann, D.; Hoffmann, I. e El-Bayoumy, K. (2001). O cigarro menos nocivo. Chem. Res. Toxicol. 14 (7): 767-790.

Horstmann, M.; Witthuhn, R.; Falk, M. e Stenzl, A. (2008). Diferenças específicas de género no cancro da bexiga: Aretrospective analysis. Gend. Med. 5 (4): 385-94.

(I)

Ian, A.P.; Paul, D.L. e Carla, M. (2012). Um levantamento abrangente das mutações *ras* no cancro. Cancer Res. 72 (10): 2457-2467.

Innis, M.; Gelfand, D.; Sninsky, J. e White, I. (1990). Protocolos de PCR: A guide to methods and application. Nova Iorque, Academic Press. Invest. 20: 225-235.

(J)

Jebar, A.; Hurst, C. e Tomlinson, D. (2005). As mutações dos genes *FGFR3* e *ras* são eventos genéticos mutuamente exclusivos no carcinoma de células uroteliais. Oncogene. 24: 5218-5225.

Jemal, A.; Bray, F.; Center, M.; Ferlay, J. e Ward, E. (2011). Estatísticas globais sobre o cancro. CA Cancer J. Clin. 61: 69-90.

Jemal, A.; Siegel, R.; Ward, E.; Hao, Y.; Xu, J. e Thun, M. J. (2009). Estatísticas do cancro, 2009. C.A. Cancer J. Clin.; 59(4): 225-249.

Jin, X.; Yun, S.; Jeong, P.; Kim, I.; Kim, W. e Park, S. (2014). Diagnóstico de cancro da bexiga e previsão de sobrevivência por metabolómica urinária. Oncotarget. 5 (6): 1635-1645.

Julian, M. e Alex, A. (2006). A via *Ras/Raf/MAPK*. Journal of Thoracic oncology. 1 (1): 7-9.

Junker, K.; Johanna M.M.; Ellen, C.; Kania, I.; Schubert J.; Hartmann, A. *et al.* (2008). Mutações no recetor 3 do fator de crescimento de fibroblastos em tumores da bexiga correlacionam-se com baixa frequência de alterações cromossómicas. Neoplasia. 10 (1): 1-7.

(K)

Kanai, M.; Goke, M.; Tsunekawa, S. e Podolsky, D.K. (1997). Via de transdução de sinal do recetor 3 do fator de crescimento de fibroblastos humanos. Identificação de uma nova fosfoproteína de 66 kDa. J. Biol. Chem. 272: 6621-6628.

Karagas, M.R.; T.D. Tosteson, J.S. e Morris, J.S. (2004). Incidência de carcinoma de células de transição da bexiga e exposição ao arsénico em New Hampshire, causas e controlo do cancro. 15: 465-472.

Karimianpour, N.; Shafaei, M.S; Ziaee, A.A.; Akbari, M.T.; Pourmand, G.; Abedi, A. *et al.* (2008). Mutações da família do gene *ras* em amostras de cancro da bexiga. Urol. J. 5: 237-42.

Keegan, P. E.; Lunec, J. e Neal, D. E. (1998). Prognostic markers, *MDM2 andp53* in bladder cancer, British Journal of Urology. 82: 710720.

Kelekar, A. e Michael D.C. (1987). Immortalization by *c-myc*, *H- ras*, and *Ela* oncogenes induces differential cellular gene expression and growth fator responses. Mol. Cell. Bio. 3899-3907.

Keller, J.W.; Franklin, J.L.; Graves-Deal, R.; Friedman, D.B.; Whitwell, C.W. e Coffey, R.J. (2007). *O K-ras* oncogénico fornece uma contribuição oncogénica única, poderosa e variável entre os membros da família *ras* no epitélio do cólon. J. Cell Physiol. 210 (3): 740-9. [PubMed].

Khoukaz, T. (2006). Administração da terapia *anti-EGFR*: Uma revisão prática. Semin. Oncol. Nurs. (1 Suppl 1): 20-7.

Kirkali, Z.; Chan, T.; Manoharan, M. *et al.* (2005). Cancro da bexiga: epidemiologia, estadiamento, classificação e diagnóstico. Urology. 66 (6 Suppl 1): 4-34. [PUBMED

Abstract].

Kirkali, Z.; Chan, T.; Manoharan, M.; Algaba, F.; Sesterhenn, I. e Tachibana, M. (2005). Cancro da bexiga: epidemiologia, estadiamento e classificação, e diagnóstico. Urology. 66: 4-34.

Klingler, e H. Christoph (1999). *P53* e genes regulados por *p53* no cancro da bexiga. Journal Club Current Opinion in Urology. 9 (2): 172.

Kompier, L.C.; Van Der Aa, M.N.; Lurkin, I.; Vermeij, M.; Kirkels, W.J. *et al.* (2009). O desenvolvimento de múltiplas recorrências de tumores da bexiga em relação ao estado de mutação *FGFR3* do tumor primário. J. Pathol. 218: 104-112.

Kondo, S.; Asano, M. e Suzuki, H. (1993). Significado do VEGF/fator de permeabilidade *vascular* para o crescimento de tumores sólidos e a sua inibição pelo anticorpo. Biochem Biophys Res Commun. 914: 12341241.

Korkolopoulou, P.; Christodoulou, P.; Kapralos, P.; Exarchakos, M.; Bisbiroula, A.; Hadjiyannakis, M. et al. (1997). O papel das oncoproteínas *p53*, *MDM2* e *c-erb B-2*, do recetor *EGF* e dos marcadores de proliferação no prognóstico do cancro da bexiga urinária. Pathol. Res. Pract., 193: 767-775.

Kotake, T.; Saiki, S.; Kinouchi, T.; Shiku, H. e Nakayama, E. (1990). Deteção do produto do gene *c-myc* no cancro da bexiga urinária. Jpn. Jpn. Cancer Res. 81 (12): 1198-1201.

Kozaki, K.; Imoto, I.; Pimkhaokham, A.; Hasegawa, S.; Tsuda, H. *et al.* (2006). A mutação *PIK3CA* é uma aberração oncogénica em fases avançadas do carcinoma espinocelular oral. Cancer Sci. 97: 1351-1358.

Kraidi, A.M. (2015). Deteção de alterações genéticas do gene *H-ras* nas amostras de sangue e urina em pacientes com carcinoma de bexiga do governador AL-Anbar. Dissertação de Mestrado. Instituto de Engenharia Genética e Biotecnologia para Estudos de Pós-Graduação. Universidade de Bagdade. Iraque.

Kreeger, P.K.; Wang, Y.; Haigis, K.M. e Lauffenburger, D.A. (2010). A integração de actividades de múltiplas vias de sinalização resolve o paradoxo da mutação *K- ras/N-ras* na resposta das células epiteliais do cólon à estimulação de citocinas inflamatórias. Integr. Biol. (Camb). 2 (4): 202-8. [PubMed].

Krishnaraj, R.; Ralf, S.; Ulf, R.; Rapp, e Albert, S. (2007). *Ras* oncogenes e os seus alvos a jusante. Biochimica et Biophysica Ata. 1773: 1195-1177.

Kune, G.A.; Kune, S.; Vietta, L. e Watson, L.F. (1992). Smoking and colorectal cancer risk: Data from the Melbourne colorectal cancer study and brief review of literature. Int J Cancer. 50: 369-72.

(L)

Lacoste-Collin, L.; Gomez-Brouchet, A. e Escourrou, G. (2002). Expressão de *p27* (Kipl) em cancros da bexiga. Cancer Lett. 186: 115.

Leonard, G. e Gomella, L.G. (2006). Visando a base genética do carcinoma de células de transição. J. Urol. 175 (6): 1986.

Lewis, S.A. (2000). Everything you wanted to know about the bladder epithelium but were afraid to ask. Am. J. Physiol. Renal Physiol. 278: F877.

Li, S.; Peng, Q.; Chen, Y.; Pengyou, J.; Chen, Z.; Deng, Y. *et al.* (2013). Polimorfismos do gene de reparação do ADN *XRCC1*, tabagismo e risco de cancro da bexiga: Ameta-análise. PLOS One. 8 (9): 1-14.

Lichtenstein, A.V. e Potapova. G.I. (2003). Genetic defects as tumor markers Journal of molecular biology. 37 (2): 159-169.

Lindgren, D.; Liedberg, F.; Andersson, A. *et al.* (2006). Caracterização molecular de carcinomas da bexiga em fase inicial por perfis de expressão, estado de mutação *do FGFR3* e perda de 9q. Oncogene. 25: 26852696.

Lopez-Beltran, R.J.; Luqueb, J.; Alvarez-Kindelanc, A.; Quinterod, F.; Merlod, J.C.; Carrascoc, M.J. *et al.* (2004). Factores de prognóstico na sobrevivência do

cancro da bexiga em estádio T1 Grau 3: o papel dos moduladores *G1-S (p53, p21Waf1, p27kip1, Cyclin D1 e Cyclin D3*) e do índice de proliferação (ki67-MIB1). Eur. Urol. 45 (5): 606-612.
Lucie, C.; Lurkin, C.I.; Madelon, N. M.; van der, A.; Bas, W.G.; Ellen, C. *et al.* (2010). Mutações *FGFR3*, *H-ras*, *K-ras*, *N-ras* e *PIK3CA* no cancro da bexiga e seu potencial como biomarcadores para vigilância e terapia. PLoS ONE. 5 (11): 1-13.
Ludwig, M.; Kochal, H.G.; Fischner, C. e Weider, W. (1996).
ossível papel do vírus do papiloma humano no tumor da bexiga. Eur. Urol. 30 (1): 96.
(M)
Mao, Z.; Bozzella, M.; Seluanov, A. e Gorbunova, V. (2008). Reparação do ADN por junção de extremidades não homólogas e recombinação homóloga durante o ciclo celular em células humanas. Cell Cycle. 7: 29022906 .
Marco, A.; Sozzi, P.G. e Croce, C.M. (2003). Descoberta e identificação de oncogenes. Medicina do Cancro Holland-frei. 6th ed.
Matsumoto, K.A.; Irie, T.; Satoh, H.; Kuruma, T.; Arakawa, S. e Baba, S. (2005). Cancro da bexiga no trabalho: do estudo de coorte ao marcador biológico molecular. Medical Science Monitor. 11 (10): 311315.
Meteab, S.B. (2015). Deteção de alterações genéticas do gene *FGFR3* em pacientes iraquianos com cancro da bexiga. Dissertação de Mestrado. Instituto de Engenharia Genética e Biotecnologia para Estudos de Pós-Graduação. Universidade de Bagdade. Universidade de Bagdade, Iraque.
Mhawech-Fauceglia, P.; Cheney, R.T.; Fischer, G.; Beck, A. e Herrmann, F.R. (2006). Expressões das proteínas *FGFR3* e *p53* em pacientes com cancro da bexiga urotelial pTa e pT1. Eur. J. Surg. Oncol. 32: 231-237.
Ministério da Saúde. Conselho Iraquiano do Cancro. (2014). Resultados do registo de cancro iraquiano de 2011.
Miyake, M.; Ishii, M.; Koyama, N.; Kawashima, K.; Kodama, T. *et al.* (2010). 1-tertbutyl-3-[6-(3,5-dimethoxy-phenyl)-2-(4-dietilamino-butilamino)-pirido[2,3-dipirimidin-7-il]-ureia (PD173074), um inibidor seletivo da tirosina quinase do recetor-3 do fator de crescimento dos fibroblastos (*FGFR3*), inibe a proliferação celular do cancro da bexiga portador da mutação do gene *FGFR3*, juntamente com a regulação positiva de p27/Kip1 e a paragem G1/G0. J. Pharmacol. Exp. Ther. 332: 795-802.
Miyake, M.; Sugano, K.; Sugino, H. *et al.* (2010). A mutação do recetor 3 do fator de crescimento de fibroblastos na urina é um marcador de diagnóstico útil e um indicador significativo da recorrência do tumor no cancro da bexiga não músculo invasivo. Cancer Sci. 101: 250-258.
Moodie, S.A.; Willumsen, B.M.; Weber, M.J. e Wolfman, A. 1993). A Complexos de *ras*.GTP com *Raf-1* e proteína quinase activada por mitogénio. Science. 260: 1658-1661.
Mor, A. e Philips, M.R. (2006). Sinalização *Ras/MAPK* compartimentalizada. Annu Rev Immunol. 24: 771-800. [PubMed].
Muezzinoglu, T.; Ceylan, Y.; Temeltas, G.; Lekili, M. e Buyuksu, C. (2005). Avaliação da dor causada pela uretrocistoscopia em doentes com cancro superficial da bexiga: uma perspetiva da qualidade de vida. Onkologie. 28: 260-264.
(N)
Nahidh, K. Alwan, Raad J. Musa, Ban A. Abdul-Majeed. (2013). A influência das mutações do gene N-ras na resposta à terapia de indução em pacientes iraquianos com LMA. Iraqi MED. SCI. 11 (3): 230-237.
Neal, D.; Freedman, P.; Debra, T. *et al.* (2011). Associação entre tabagismo e risco de cancro da bexiga em homens e mulheres. OR. CO. 306 (7): 737-745.
Negri, E. e Vecchia, C. (2001). Epidemiologia e prevenção do cancro da bexiga. Jornal

Europeu de Prevenção do Cancro. 10: 7-14.
Netto, G.J. (2012). Biomarcadores moleculares no carcinoma urotelial da bexiga: já chegámos lá? Uorology. 9: 41-51.
Nieder, A.M.; Brausi, M.; Lamm, D. *et al.* (2005). Gestão de tumores da bexiga em estádio T1: Painel de Consenso Internacional. Urology. 66 (6 Suppl 1): 108-25. [Resumo PUBMED].
Nortier, L.J.; Martinez, M.C.M. e Schmeiser H.H. (2000). Carcinoma urotelial associado ao uso de uma erva chinesa (Aristolochia fangchi), New England Journal of Medicine. 342 (23): 1686-1692.
(O)
Oeggerli, M. e Riedholz, A. (2005). *E2F3* é responsável pela amplificação frequente de 6p22.3 no cancro da bexiga humano. 8-9.
Ogino, S.; Nosho, K.; Kirkner, G.J.; Shima, K.; Irahara, N. *et al.* (2009). A mutação *PIK3CA* está associada a um mau prognóstico entre os pacientes com cancro do cólon ressecado curativamente. J. Clin. Oncol. 27: 14771484.
Omerovic, J.; Laude, A.J. e Prior, I.A. (2007). *Ras* proteins: paradigms for compartmentalised and isoformspecific signalling. Cell Mol. Life Sci. 64 (19-20): 2575-89. [PubMed].
Ouerhani, S.; Rouissi, K.; Kourda, N. et al. (2009). Análise combinada de mutações no tabaco, *TP53* e *FGFR3* em doentes tunisinos com tumores da bexiga invasivos e superficiais de alto grau. Cancer Invest. 27 (10): 998-1007.
(P)
Pandith, A.; Shah, Z.; Rasool, R.; Afroze, D.; Yousuf, A.; Parveen, N. et al. (2010). Mutações activadas do gene *H-ras* no carcinoma de células de transição da bexiga urinária numa população da Caxemira. Tumor. 96: 993-998.
Pandith, A.A. *et al.* (2013). O polimorfismo *H-ras* T81C modula o risco de cancro da bexiga urinária e prevê tumores avançados na população étnica da Caxemira. Urol. Oncol. 31 (4): 487-92.
Panov, S.; Zafirova, D.R.; Starvic, G.; Yashar, G.; Popov, Z. (2004). Elevada frequência das mutações do códão 12 do oncogene *H-ras* em doentes macedónios com cancro da bexiga urinária. Genet. Mol. Biol. 27 (1): 9-14.
Parag, G.; Manoj, J.; Rakesh, K. *et al.* (2009). Impacto da idade e do género nas caraterísticas clinicopatológicas do cancro da bexiga. Indian J. Urol. 25 (2): 207-210.
Parkin, D.M. (2008). The global burden of urinary bladder cancer (O peso global do cancro da bexiga urinária). Scand. J. Urol. Nephrol. 42: 12-20.
Pelucchi, C.; Vecchia, C.; Negri, E. *et al.* (2002). Tabagismo e outros factores de risco para o cancro da bexiga nas mulheres. Preventive Medicine. 35: 114120.
Peter, J.; Weyer, J.R.; Cerhan, B.C.; Kross, G.R.; Hallberg, I.K.; George, B. *et al.* (2001). Nível de nitrato da água potável municipal e risco de cancro em mulheres idosas: The low women's health study. Epidemiology. 11 (3): 327-338.
Philip, A.T.; Amin, M.B.; Tamboli, T.J. e Hill, C.E. (2000). Tecido adiposo intravesical: A quantitative study of its presence and location with implications for theraby and prognosis. Am. J. Surg. Pathol. 24: 1286-1290.
Platt, F.M.; Hurst, C.D.; Taylor, C.F.; Gregory, W.M.; Harnden, P. *et al.* (2009). Spectrum of phosphatidylinositol 3-kinase pathway gene alterations in bladder cancer (Espectro das alterações genéticas da via da fosfatidilinositol 3-quinase no cancro da bexiga). Clin. Cancer Res. 15: 6008-6017.
Ploussard, G.; Dubosq, F.; Soliman, H.; Verine, J.; Desgrandchamps, F.; Hugues, D. et al. (2010). Prognostic value of loss of heterozygosity at chromosome 9p in non-muscle-invasive bladder cancer. Urology. 76 (2).
Potenza, N.; Vecchione, C.; Notte, A.; De Rienzo, A.; Rosica, A.; Bauer, L. *et al.* (2005). A substituição de *K-ras* por *H-ras* suporta o desenvolvimento embrionário

normal, apesar de induzir patologia cardiovascular em ratos adultos. EMBO. Rep. 6 (5): 432-7. [PubMed].
Pradubkaew, K.; Pramyothin, P.; Limwongse, C.; Suwannasri, P. e Assawamakin, A. (2009). Glutathione S-transferase polymorphisms and risk of bladder cancer in Thais. Thai J. Pharm. Sci. 33: 67-73.
Prizment, A.; Kristin, E.; Bernard, L.H. e Aaron R.F. (2007). Factores de risco reprodutivo para o cancro da bexiga incidente: estudo da saúde das mulheres de baixo nível. Int. J. Cancer. 120: 1093-1098.
Puente, D.; Harge, P.; Greiser, E. *et al.* (2006). A pooled analysis of bladder cancer case-control studies evaluating smoking in men and women. Cancer Causes Contr. 17 (1): 71-79.
(Q)
Quinlan, M.P. e Settleman, J. (2008). Explicação da preponderância das mutações *K-ras* no cancro humano: Uma função específica da isoforma na expansão das células estaminais. Cell Cycle. 7 (10): 1332-1335. [PubMed].
Quinlan, M.P.; Quatela, S.E.; Philips, M.R. e Settleman, J. (2008). Activated *K- ras*, but not *H-ras* or *N-ras*, may initiate tumors of endodermal origin via stem cell expansion. Mol. Cell Biol. 28 (8): 2659-2674. [PubMed].
(R)
Rabbani, F. e Cordon-Cardo, C. (2000). Mutação dos reguladores do ciclo celular e seu impacto no cancro superficial da bexiga. Urol. Clin. North. Am. 27: 83-102.
Rajab, Z.A. (2011). Papel prognóstico do produto do gene do retinoblastoma *pRb* e do produto da proteína *p53* no carcinoma de células de transição da bexiga urinária, um estudo comparativo histológico-citológico prospetivo. Tese de Mestrado. Instituto de Engenharia Genética e Biotecnologia para Estudos de Pós-Graduação. Universidade de Bagdade. Iraque.
Rajalingam, K.; Schreck, R.; Rapp, U.R. e Albert, S. (2007). *Ras* oncogenes e seus alvos a jusante. Biochim Biophys Ata. 1773 (8): 1177-1195.
Reznikoff, C.A.; Sarkar, S. e Julicher, K.P. (2000). Genetic alterations and biological pathways in human bladder cancer pathogenesis (Alterações genéticas e vias biológicas na patogénese do cancro da bexiga humano). Urol. Oncol. 5: 191-203.
Riley, G.F.; Potosky, A.L.; Lubitz, J.D. e Kessler, L.G. (1995). Medicare payments from diagnosis to death for elderly cancer patients by stage at diagnosis. Med. Care. 33: 828-841.
Rivlin, N.; Brosh, B.; Oren, M. e Rotter, V. (2011). Mutações no gene supressor de tumor *p53*: Marcos importantes nas várias etapas da tumorigénese. Monografias. 2 (4): 466-474.
Roberto, E.F. e De Cupis, A. (2000). O papel dos factores de crescimento polipeptídicos nos carcinomas humanos. Instituto Nacional do Cancro. 52 (2): 179-206.
Rocks, O.; Peyker, A. e Bastiaens, P.I. (2006). Segregação espácio-temporal de sinais *ras*: Um navio, três âncoras e muitos portos. Curr. Opin. Cell Biol. 18 (4): 351-357. [PubMed].
Ruder, A.M.; Carreon, T. e Ward, E.M. (2005). Bladder Cancer in Clinical Occupational and Environmental Medicine (Cancro da bexiga em medicina clínica ocupacional e ambiental). Rosenstock, L. e Cullen M.R. (eds.). 2nd ed. Philadelphia. Elsevier. EUA. 757-766.
Rugo, H.S. (2004). Occupational Cancer in Current Occupational and Environmental Medicine. Ladou, J. (eds.). 3rd ed. McGraw-Hill Companies Inc.. Nova Iorque. EUA. 229-268.
Rushton, L.; Sally, J.; Fortunato, L.; Young, C.; Gareth, S.E.; Brown, T. *et al.* (2010). Occupational cancer burden in Great Britain (Carga de cancro ocupacional na Grã-Bretanha). Br. J. Cancer. 107: 3-7.

(S)
Samanic, C.M.; Kogevinas, M.; Silverman, D.T.; Tardón, A.; Serra, C.; Malats, N. *et al.* (2008). Ocupação e cancro da bexiga num estudo de caso-controlo de base hospitalar em Espanha. Occup. Environ. Med. 65: 347-353. [PubMed].
Sambrook, J. e Russel, D. (2001). Molecular cloning: Um manual de laboratório. 3rd ed. Cold Spring Harbor, Nova Iorque: Cold Spring Harbor Laboratory Press.
Samuels, Y. e Ericson K. (2006). *PI3K* oncogénico e o seu papel no cancro. Curr. Opin. Oncol. 18: 77-82.
Santarpia, L.; El-Naggar, A.K.; Cote, G.J.; Myers, J.N. e Sherman, S.I. (2008). Mutações na via da fosfatidilinositol *3-quinase/akt* e *ras/raf-* mitogen-activated protein kinase no cancro anaplásico da tiroide. J. Clin. Endocrinol. Metab. 93: 278-284.
Sartore-Bianchi, A.; Martini, M.; Molinari, F.; Veronese, S.; Nichelatti, M. *et al.* (2009). As mutações *PIK3CA* no cancro colorrectal estão associadas à resistência clínica aos anticorpos monoclonais *direcionados para o EGFR*. Cancer Res. 69: 1851-1857.
SAS. (2012). Sistema de Análise Estatística, Guia do Utilizador. Statistical. Versão 9.1th ed. SAS. Inst. Inc. Cary. N.C. EUA.
Sauter, G.; John, N.E.; Jonathan, I.E. e Isabell A.S. (2004). Patologia e genética dos tumores do sistema urinário e dos órgãos genitais masculinos. IARC. pp: 1-4.
Semenza, J.; Ziogas, A.; Largent, J. et al. (2001). Interações gene-ambiente no carcinoma de células renais. Am. J. Epidemiol. 153: 851-859.
Sen, S.; Zhou, H.; Zhang, R.; Yoon, D.S.; Vakar-Lopez, F.; Ito, S. et al. (2002). Amplificação/expressão excessiva de um gene de quinase mitótica no cancro da bexiga humano. J. Natl. Cancer Inst. 94: 1320-1329.
Shiina, H.; Igawa, M. e Shigeno, K. (1999). Significado clínico da expressão *de mdm2* e *p53* no cancro da bexiga. Uma comparação com a proliferação celular e a apoptose. Oncology. 56: 239.
Shukla, S.; Alok, C.; Mahata, S.; Hussain, S.; Kumar, R.; Hedau, S. *et al.* (2009). Infeção por vírus do papiloma humano em cancros de diferentes órgãos humanos. Indian J. Med.Res. 130: 222-233.
Silverman, D.T.; Hartge, P.; Morrison, A.S. e Devesa, S.S. (1992). Epidemiologia do cancro da bexiga. Hematol. Oncol. Clin. North Am. 6: 1-30. [PubMed].
Slattery, M.L.; Potter, J.D.; Friedman, G.D.; Ma, K.N. e Edwards, S. (1997). Tobacco use and colon cancer (Consumo de tabaco e cancro do cólon). Int J Cancer. 70: 259-64.
Smith, Z.L. e Guzzo, T.J. (2013). Marcadores urinários para o cancro da bexiga. Relatórios F1000Prime. 5 (21): 1-6.
Spruck, C.H.; Ohneseit, P.F.; Gonzalez-Zulueta, M.; Esrig, D.; Miyao, N.; Tsai, Y.C. *et al.* (1994). Two molecular pathways to transitional cell carcinoma of the urinary bladder. Cancer Res. 54: 784788.
Spruck, CH III.; Rideout, WM III.; Olumi, A.F.; Ohneseit, P.F.; Yang, A.S.; Tsai, Y.C. *et al.* (1993). Distinct pattern of *p53* mutations in bladder cancer: Relação com o consumo de tabaco. Cancer Res. 53: 11626.
Stein, J.P.; Ginsberg, D.A. e Grossfeld, G.D. (1998). Efeito da expressão *de p21WAF1/CIP1* na progressão do tumor no cancro da bexiga. J. Natl. Cancer Inst. 90: 1072-1079.
Stern, M.C.; Johnson, L.R. e Bell, D.A. (2002). *XPD* Codon 751 polymorphism, genes do metabolismo, tabagismo e risco de cancro da bexiga. Cancer Epidemiol. Biomarkers Prev. 11: 1004 -1011.
Steven, C.S.; Brian, N.; Matthew, N.; Henry, F.; Garret, H.; Elrifai, W. *et al.* (2009). O perfil da metástase específica do local do órgão do cancro da bexiga identifica o LAMC2 como um novo biomarcador da disseminação hematogénica. American

Journal of Pathology. 174 (2): 371-379.
Suzuki, H.; Takahashi, T.; Kuroishi, T.; Suyama, M.; Ariyoshi, Y.; Takahashi, T. *et al.* (1992). Mutações *P53* no cancro do pulmão não pequeno no Japão: Associação entre mutações e tabagismo. Cancer Res. 52: 734-6.
(T)
Tawfiq, N. F.; Al-Jobori, S.M.; Al-Saji, A.W. e Itawi, R.K. (2002). Determinação de emissores alfa em amostras de solo iraquiano utilizando detectores de traços nucleares de estado sólido CR-39 e CN-85. Conferência sobre os efeitos do armamento com DU no ser humano e no ambiente no Iraque. 2627.
Tomlinson, D.C.; Baldo, O.; Harnden, P. e Knowles, M.A. (2007). Expressão da proteína *FGFR3* e sua relação com o estado de mutação e variáveis de prognóstico no cancro da bexiga. J. Pathol. 213: 91-98.
Tomlinson, D.C.; Hurst, C.D. e Knowles, M.A. (2007). O knockdown por shRNA identifica *o FGFR3* mutante S249C como um potencial alvo terapêutico no cancro da bexiga. Oncogene. 26: 5889-5899.
Traczyk, M. *et al.* (2012). Variantes polimórficas do proto-oncogene *H-ras* e o seu possível papel na etiologia do cancro da bexiga. Cent. European J. Urol. 65 (2): 84-87.
Traczyk, M.; Borkowska, E.; J^drzejczyk, A.; Pietrusinski, M.; Rozniecki, M.; Marks, P. *et al.* (2011). Deteção de perda de heterozigotia em doentes com carcinoma da bexiga urinária: tecido neoplásico vs. células de sedimento de urina. Central European Journal of Urology. 64: 3-7.
Trunzer, A.C.; Pavlick, L.; Schuchter, R.; Gonzalez, G.A.; McArthur, T.E.; Hutson, S.J. et al. (2013). Efeitos farmacodinâmicos e mecanismos de resistência a vemurafenib em pacientes com melanoma metastático. J. Clin. Oncol. 31: 1767-1774.
(V)
Van der Aa, M.N.; Steyerberg, E.W.; Sen, E.F.; Zwarthoff, E.C.; Kirkels, W.J. *et al.* (2008). O peso percebido pelos pacientes da vigilância cistoscópica e urinária do cancro da bexiga: Uma comparação aleatória. BJU. Int. 101: 1106-1110.
Van Rhijn, B.W.; Lurkin, I.; Radvanyi, F.; Kirkels, W.J.; Van Der Kwast, T.H. e Zwarthoff, E.C. (2001). A mutação do recetor 3 do fator de crescimento dos fibroblastos (*FGFR3*) é um forte indicador de cancro superficial da bexiga com baixa taxa de recorrência. Cancer Res. 61: 1265-1268.
Van Rhijn, B.W.; Van Der Kwast, T.H.; Vis, A.N.; Kirkels, W.J.; Boeve, E.R. *et al.* (2004). *FGFR3* e *P53* caracterizam vias genéticas alternativas na patogénese do carcinoma de células uroteliais. Cancer Res. 64: 1911-1914.
Van Rhijn, B.W.; Vis, A.N., Van Der Kwast, T.H., Kirkels, W.J.; Radvanyi, F. *et al.* (2003). A classificação molecular do carcinoma de células uroteliais com o recetor 3 do fator de crescimento dos fibroblastos e *o MIB-1* é superior ao grau patológico para a previsão do resultado clínico. J. Clin. Oncol. 21: 1912-1921.
Vetter, I.R. e Wittinghofer, A. (2001). O interrutor de ligação do nucleótido de guanina em três dimensões. Science. 294 (45): 1299-304. [PubMed].
Viola, M.V.; Fromowitz, F.; Oravez, S.; Deb, S. e Schlom, J. (1985). A expressão do oncogene *Ras* p21 está aumentada em lesões pré-malignas e no carcinoma da bexiga de alto grau. J. Exp. Med. 161: 1213-8.
Voice, J.K.; Klemke, R.L.; Le, A. e Jackson, J.H. (1999). Four human *ras* homologs differ in their abilities to activate *Raf-1*, induce transformation, and stimulate cell motility. J. Biol. Chem. 274 (24): 17164-70. [PubMed].
Vriesema, J.L.; Poucki, M.H.; Kiemeney, L.A. e Witjes, J.A. (2000). Opinião do paciente sobre testes urinários versus uretrocistoscopia flexível no exame de seguimento do cancro superficial da bexiga: uma análise de utilidade. Urology. 56: 793-797.
Vrooman, O. e Witjes, J. (2008). Marcadores urinários no cancro da bexiga. European Urology. 53: 909-916.

(W)
Walsh, A.B. e Bar-Sagi, D. (2001). Ativação diferencial da via *Rac* por *H-ras* e *K-ras*. J. Biol. Chem. 276 (19): 1560915615. [PubMed].
Wang, P.; Dingwei, Y.; Guo, J.; Liu, F.; Jiang, H.; Gong, J. et al. (2014). A pontuação genética de múltiplos polimorfismos de nucleotídeo único associados ao risco é um marcador de suscetibilidade genética ao câncer de bexiga Genes. Chromosomes and Cancer. 53: 98-105.
Watters, A.D.; Latif, Z. e Forsyth, A. (2002). Aberrações genéticas de *c-myc* e *CCND1* no desenvolvimento de cancro da bexiga invasivo. Br. J. Cancer. 87: 654.
Weinberg, R.A. (1994). Oncogenes e genes supressores de tumores. J. Cancer. 44: 160.
Weixiang, W.U.; Tong, Y.; Zhao, Q.; Yu, G.; We, X. e Lu, Q. (2014). Consumo de café e cancro da bexiga: Uma meta-análise de estudos observacionais. Sci. Rep. 5: 9051.
Weyer, P.J.; Cerhan, J.R.; Kross, B.C.; Hallberg, G.R.; Kantamneni, J.; Breuer, G. *et al.* (2001). Água potável municipal
Nível de nitratos e risco de cancro em mulheres idosas: The Iowa women's health study, EUA. Epidemiology. 12 (3): 327-38.
Wilkie, T.M. e White, M.A. (2000). Proteínas G grandes e pequenas proteínas de ligação a nucleótidos de guanina. Princípios de regulação molecular. 27-39.
Williamson, M.P.; Elder, P.A. e Shaw, M.E. (1995). p16 (CDKN2) é um alvo de deleção importante em 9p21 no cancro da bexiga. Hum Mol Genet. 4: 1569-1577.
Organização Mundial de Saúde (2008). 20 Avenue appia. 1211 Genebra 27. Suíça.
(Y)
Yasoda, A.; Komatsu, Y.; Chusho, H.; Miyazawa, T.; Ozasa, A. *et al.* (2004). A superexpressão de *CNP* em condrócitos resgata a acondroplasia através de uma via *dependente de MAPK.* Nat. Med. 10: 80-86.
Yoo, B.H.; Wu, X.; Lie, Y.; Haniff, M.; Sasazuki, T.; Shirasawa, S. *et al.* (2010). Oncogenic *ras* induced down regulation of Autophagy Mediator Beclin-1ls required for malignant transformation of intestinal epithelial cells. J. Biol. Chem. 285 (8): 5438-5449.
(Z)
Zaghloul, M.S. (2012). Esquistossomose do cancro da bexiga. Jornal do Instituto Nacional do Cancro do Egito. 24: 151-159.
Zeegers, M.; Goldbohm, R. e Brandt, P. (2002). A prospective study on active and enviromental tobacco smoking and bladder cancer risk (Um estudo prospetivo sobre o tabagismo ativo e ambiental e o risco de cancro da bexiga). Cancer Causes and Control. 13: 83-90.
Zeegers, M.; Tan, F.; Dorant, E. et al. (2000). The impact of characteristics of cigarette smoking on urinary tract cancer risk a metaanalysis of epidemiologic studies. Cancer. 89: 630-639.
Zieger, K.; Wolf, H.; Olsen, P.R. e Hojgaard, K. (2000). Acompanhamento a longo prazo de tumores da bexiga não invasivos (estádio Ta): Recorrência e progressão. BJU. Int., 85: 824-828.
Zuiverloon, T.C.M.; Van der Aa, M.N.M.; Van der Kwast, T.; Steyerberg, E.; Lingsma, H.F. *et al.* (2010). Análise da mutação *do FGFR3* na urina para vigilância de doentes com cancro da bexiga de baixo grau não músculo invasivo. Clin. Cancer Res. Medical Journal. 37: 371379.
Zwarthoff, E.C. (2008). Deteção de tumores do trato urinário na urina evacuada. Scand. J. Urol. Nephrol. Suppl. 147-153.

Apêndices

Apêndice 1

استمارة معلومات المريض

- ألإسم :-
- ألعمر:-
- ألجنس :-
- عنوان ألسكن :-
- ألحالة ألإجتماعية :-
- عدد ألاطفال إن وجد :-
- مكان ألعمل :-
- هل انت مدخن:-
- هل توجد أصابة بأمراض أخرى :-
- نوع ألمرض وتاريخ الإصابة: -
- نوع الادوية المستخدمة في الامراض المزمنة: -
- التاريخ ألعائلي: -
- هل حدثت إصابات مماثلة في العائلة :-
- علاقة المصاب بالمريض :-

الخلاصة:

تضمنت الدراسة أربعين مريضا مصابين بسرطان المثانة تم جمعهم من مستشفى الامل الوطني ومستشفى الشهيد غازي الحريري، وشملت 25 من الاشخاص الاصحاء، التي استمرت من أيلول 2014 الى كانون ألاول 2014, وكان جميع المرضى ضمن هذه الدراسة من الذكور.

تم التحقق من الطفرات في شفرات 61 في المورث *H-ras, N-ras and K-ras* في كلا المجموعتين باستخدام تسلسل الحامض النووي بالاعتماد على تفاعل البلمرة المتسلسل (Polymerase chain reaction).

أستخدمت تقنيه (Restriction fragment length polymorphism) لتحديد الانماط الجينية للطفرات في المورث *H-ras* باستخدام انزيم *BST* NI , *N-ras* باستخدام الانزيم *MSC* I و *K-ras* باستخدام الانزيم *Hpa* II , اظهرت نتائج الاصحاء بان القطعتين (131 bp, 63 bp) نتجت من الهضم بالأنزيم للمورث *H-ras* وهو موقع القطع للأليل الطبيعي وعدم وجود طفرات في حين لم ينتج اي هضم او قطع لجينات *K-ras* و *N-ras* بسبب عدم وجود موقع قطع في الأليل الطبيعي و عدم وجود طفرات.

كما اشارت نتيجة التتابع (Sequencing) الى ان المنطقة المضخمة بتقنية (PCR)في الشفرة 61 ان 15 (37.5 %) مريض من اصل 40 يحتوي على طفرات.

حيث تبين ان الطفرات الاكثر تكرارا كانت في جين *K-ras* بنسبة 62.5 % يليها جين *H-ras* 25.0 % ثم جين *N-ras* 12.5 %, وأظهرت الدراسة ان 6 (40.0 %) من هؤلاء المرضى كانوا يعانون من طفرات مركبة في جميع الجينات.

كما اظهرت الدراسة ان عدد المدخنين كان 26 (65.0 %) مما يدل على وجود علاقة بين التدخين وحصول الاصابة بالمرض.

MIX
Papier aus verantwortungsvollen Quellen
Paper from responsible sources
FSC® C105338

Printed by Books on Demand GmbH, Norderstedt / Germany